貓咪減壓
諮商室

Happy Cat Hpaay Life

Happy Cat Hpaay Life

Happy Cat Hpaay Life

只要不做貓咪討厭的事，
貓咪的生活就會充滿幸福

　　大家好，我是 BEMYPET，我以「讓寵物變得更幸福」為使命，開設頻道和平台分享寵物知識。

　　現在大家對貓咪的關注比以前更高，甚至出現「喵星人征服地球」的流行語，還有把流浪貓撿回家的「撿貓」一詞，也成為韓國搜尋網站的熱門關鍵字，這些都表示著貓咪透過獨特又高冷的表現擄獲了許多人的心。我常常會被問到：「我的貓咪對我非常冷淡，這是正常的嗎？」、「如果親貓咪，牠就會攻擊我耶！」、「我們家的貓好像只討厭我。」、「我想帶貓一起旅行，有沒有推薦的地方？」

看到這些問題，立刻就能知道貓奴對貓的愛有多麼深，但你知道有時候這些愛的表現，或是生活中你已經想不起來的微小行為，正是讓貓咪筋疲力盡的原因嗎？貓咪是對壓力特別敏感的動物，只要有一點點不舒服、不開心，很容易引發成健康問題。大家都認為貓咪很獨立，適合現代人的生活型態，但是這句話只對了一半。其實貓咪很容易感到孤單，也需要人們的照顧，只是因為本性敏感，不太會表達而已，所以有些飼主會說：「我的人生分為養貓前和養貓後」。

講到這裡，就會有人問「貓咪到底承受多大的壓力？」那些對人類而言微不足道的變化，對貓咪來說卻是像翻天覆地一樣的巨變，帶來極大的壓力。這麼一來，又會有人接著問：「貓和狗都是跟人類長期相處的寵物，為什麼只有貓咪反應這麼特別？」

在這麼多的寵物之中，為什麼需要特別注意貓咪的壓力呢？這源自於貓咪天生的特性，也就是本性。貓咪是領域性動物，本能就是捍衛自己的領域，而對貓咪來說，領域不只是空間，還包括相處的人和行為。若你覺得貓咪對你特別冷淡，不妨想想可能的原因。在歸咎於貓咪的個性或疾病之

前，先回想看看自己的每個行為，多半就能夠釐清一些事情，例如「貓咪是搬到新家後才開始疏遠我。」、「我只是有陣子太忙，忘記清理貓砂盆，牠就得了膀胱炎。」雖然這些狀況你並不樂見，但也的確是造成貓咪不舒服的要素。

如果要說出一個讓貓咪過得幸福的最好方法，我敢斷言就是：「不做貓咪討厭的行為。」

這本書就是以這個觀點所撰寫。我想提供簡單且專業的解決方法，讓任何人都能在生活中自行檢視，是否曾經不自覺帶給貓咪壓力，甚至因為自己的行為、生活和環境，引發貓咪的健康問題。此外，還會進一步介紹貓咪的本能、習性、肢體語言等，讓大家輕鬆理解貓咪做出特定行為的原因。最後，我還想強調成為「優良貓奴」該具備的一點：正確瞭解貓咪的特性，避免對貓咪不利的狀況。本書可說是為預備貓奴，或才剛開始跟貓一起同居的新手貓奴所準備的「貓咪壓力照護指南」。

本書內容是從 BEMYPET 網站上一千多個專業知識與資訊中，精選出社群上最多人搜尋、瀏覽的貓咪問題行為

後，系統化整理而成。希望這本書能夠成為實用指南，解答貓奴所有的實際煩惱。

對了，這本書中出現的貓咪名叫「三色」，牠是韓國短毛貓，也是 BEMYPET 的代表貓咪之一。性格內柔外剛又傲嬌的「三色」、尋回犬「莉莉」，跟雖然笨拙卻總是全力以赴的貓奴「宇宙人」正一起生活著。一邊閱讀，一邊找出在書中自稱「宇宙大明星」的三色，也是一種不錯的趣味。（其實三色的魅力是聲音，我光是模仿貓咪的聲音就引起許多粉絲的共鳴和關注。如果想知道可以進入《BEMYPET（비마이펫）》的 YouTube 頻道，歡迎訂閱和按讚！）

跟貓咪一起生活，需要注重很多生活細節。這點從養貓人總是自稱「貓奴」就能看得出來。好！現在我們一起進入貓咪的內心世界吧！貓咪減壓諮商室，Go Go！

BEMYPET ❖

目錄

哔！沒有安心的環境，就沒有快樂的貓咪

PART 1

我的貓咪
真的幸福嗎？

貓咪的幸福指數調查

三色，
你現在幸福嗎？

　　跟貓咪一起的生活非常溫暖又幸福，甚至已經想不起來以前沒有貓咪的日子了。光是聽著貓咪的呼吸聲一起入眠，也能讓疲憊又痛苦的心變得平穩。不過，有時候我們會想：「我的貓咪也覺得生活中有我很幸福嗎？」有個簡單的方法可以瞭解，首先我們來看看以下的測試，你家的貓咪會做出這些行為嗎？

CHECK 貓咪幸福度測試

☐ 跟你四目相接時，眼睛會瞇成細細一條。

☐ 一邊看著你一邊抓貓抓板。

☐ 睡覺的時候屁股對著你。

☐ 你回家時，貓咪會用臉和屁股蹭你。

☐ 晚上你在睡覺時，貓咪不會發出叫聲。

☐ 有時會爬到膝蓋上敲你。

☐ 有時會走向你，立起尾巴，全身打顫。

☐ 會把臉貼向你。

☐ 摸貓咪的額頭、下巴等地方，會發出呼嚕嚕的聲音。

☐ 會一直跟著你、妨礙你。

☐ 你喊貓咪的名字時，會以「喵」回應。

☐ 會露出肚子伸懶腰。

☐ 會用身體蹭你的大腿。

☐ 當你回家時，會跑到玄關歡迎。

☐ 會拿玩具到你面前玩，而且玩得很開心。

☐ 會想要爬到你身上。

0-4 個：再這樣下去貓咪會得憂鬱症的，貓奴需要努力。
5-8 個：雖然已經很努力，但還有很多地方需要改進。
9-12 個：雖然還少了一些，但貓咪已經認定你是專業貓奴！
13-16 個：你是努力讓貓咪幸福的最棒貓奴！

勾選的選項有幾個呢？就算結果比預期差也不要太過擔心，瞭解如何成為最棒貓奴才是最重要的。為了提升貓咪的幸福感，首先要仔細觀察周遭，檢視貓咪目前生活的空間、型態和環境，接下來就一起來瞭解影響貓咪幸福的要素吧！

🐾 貓咪有沒有專屬的空間？

貓咪很獨立，需要自己獨處的空間。成貓的習性是跟家人分離、獨自生活，所以必須準備一個貓咪的隱身處，提供一個能讓牠安靜獨處，不受到任何人妨礙的休息空間。當有不熟悉的外人進來，或是貓咪感到不安時，就可以躲進去。

🐾 家裡總共有幾隻寵物？

目前一起住的寵物總共有幾隻呢？如果目前飼養的寵物已經超過兩隻，那麼彼此的親密度可能會帶給貓咪壓力。貓咪不是群居動物，警戒心也算強，除非是從小一起在同樣的環境成長，對彼此非常熟悉的手足，否則都要另外為牠們打造各自的空間，並且隨時確認同居生活幸不幸福。

🐾 上下運動做得夠嗎？

貓跟狗不一樣，狗需要寬敞的奔跑空間，貓則喜歡爬上爬下的上下運動，所以提供垂直空間比平面空間更為重要。如果上下運動不夠充分，貓咪可能會因為運動不足而無法紓解壓力，或是造成肥胖、無精打采等健康與精神狀態問題，這部分請多加注意。

以貓咪視角來檢視生活環境

家裡是否具備能讓貓咪幸福生活的基本條件呢？請站在貓咪的立場檢視以下清單。

CHECK　貓咪生活環境的檢視清單

☐ 能吃到均衡、美味又新鮮的食物。

☐ 想喝水時，就能喝到新鮮乾淨的水。

☐ 屋內冬暖夏涼。

☐ 貓砂盆在沒有噪音的安靜空間。

☐ 貓砂盆保持乾淨、整潔。

☐ 確保擁有安全空間，不受外部威脅。

☐ 貓奴充分表達關心與愛。

☐ 一天有超過 30 分鐘能充分運動的玩樂時間。

🐾 貓咪很常獨處嗎？

　　一般人對貓咪的最大誤會就是「讓貓咪獨處也沒關係」。貓咪確實需要專屬的時間和空間，但也不能長時間放著牠不管。每隻貓咪的個性都不一樣，有些貓咪非常黏人，嚴重一點的還會因為分離焦慮而罹患憂鬱症；有些貓咪就算能自在獨處，但也不喜歡飼主離開家裡超過一天。另外，也建議每天盡可能陪貓咪玩 30 分鐘以上。關於貓咪分離焦慮的內容，會在 PART. 2 的〈缺乏陪伴的「貓壓警報」〉中仔細探討。

🐾 你跟貓咪之間彼此信賴嗎？

　　我們在生活中會跟許多人締結關係，但貓咪能信賴、締結關係的只有主人，所以與主人之間的連結和信賴，對於貓咪的生活和幸福有舉足輕重的影響，因此請挪出時間充分陪伴貓咪，且經常在梳毛或按摩時碰觸貓咪的身體。

🐾 你會對貓咪大吼大叫嗎？

　　跟貓咪一起生活的時候，經常發生各種事件和意外。貓咪可能會摔壞東西、刮傷家具、抓壞地板、撕毀壁紙，有時候還會推倒垃圾桶、撕毀文件。不過，貓咪的問題行為大部分都跟本能有關，所以重點是事先預防貓咪做出這些行為，絕對禁止在責備貓咪的時候，對牠體罰或大吼大叫，因為這些行為會造成貓咪的恐懼並留下陰影。請記住，訓練貓咪的目的是矯正錯誤的行為，並不是要讓牠害怕或不安。

🐾 貓咪幸福時會有的舉動

　　目前為止，我們探討了決定貓咪幸福的六項要素。現在的你，已經能夠讀懂貓咪心了嗎？接下來，將介紹貓咪幸福時會出現的行為，請瀏覽以下的「表一」，回想家中貓咪的一舉一動，更深入瞭解牠的內心世界。

· 表一 貓咪幸福時的十種行為

貓咪的行為	行為的意義
發出呼嚕呼嚕聲	除了代表開心、滿意外，也有可能是貓咪不安時，為了安撫自己而出現的減壓反應。
把尾巴立得直挺挺	貓咪心情很好時會出現的行為。貓咪不像狗狗以搖尾巴來表示開心，貓咪搖尾巴是不安的表現。
用尾巴或臉頰蹭貓奴的身體	這是對貓奴的愛意表現。讓自己的味道附著在貓奴身上來標示領域，代表貓奴屬於自己的領域。
鬍鬚鬆軟朝下	表示貓咪的內心正處於非常安穩的狀態；相反地，若是伸直朝前，像弓箭一樣，就代表正在保持警戒。
露出肚子翻滾	對貓咪而言，肚子是致命性的弱點，所以露出肚子代表對貓奴非常信賴、感到安心，也是開心的表現。
舔貓奴或是用頭蹭貓奴	貓咪舔人類的臉、手，或是用額頭蹭你，就代表「非常喜歡你」，這是貓咪能做出的最幸福表現。

 看著你「慢速眨眼」	貓咪看著貓奴時，眼睛輕輕閉起來再張開的動作，稱為「慢速眨眼」，這是愛與信賴的表現，表示牠處在非常安定且幸福的狀態。
 用貓爪抓東西	如果貓咪吃飯時、上完廁所後或貓奴回家時，會在貓奴面前抓東西，代表現在牠很開心、很滿意。
 瞇瞇眼	如果貓咪好像快睡著一樣瞇著眼睛休息，就代表牠現在很放心，沒有敵意或警戒，處於安心的環境之中。
 在物品上輕咬或踏腳	這是幼貓對母貓撒嬌的行為。貓咪會把主人的棉被、衣服放在口中輕咬，或是用雙腳在上面反覆踩踏來表現安心與信賴。

 BEMYPET Tip

貓咪對壓力相當敏感！

貓咪跟其他動物相比，對壓力格外敏感。如果主人做出錯誤舉動或是環境不舒適，牠們就會感到壓力山大！不僅容易導致憂鬱症、食慾不振，還有可能引發疾病，所以除了給貓咪滿滿的愛之外，避免造成貓咪壓力也是貓奴們必修的一門課。

我家的貓壓力很大嗎？

你！你是我的奴才嗎？

　　貓咪對環境的變化和壓力都非常敏感。野生時期的貓咪，本來就是在一定範圍內生活的領域性動物，所以需要管理的地盤越大，勢必會變得越敏感。

　　對貓咪而言，「領域」涵蓋所有可能影響自身的一切事物，包含生活空間和周圍的人，所以貓奴身上極小的變化，也可能是壓力的來源。尤其是家裡有外人來訪，或是新增家庭成員時，居住環境上的變化特別容易造成貓咪的高壓。後面會慢慢說明貓咪常見的壓力問題，也會提供相對應的解決

方法，而在這個章節中，我們先來瞭解貓咪在不喜歡的狀況下，也就是在壓力中會展現什麼行為。如果貓咪持續承受壓力，就會做出異常的行為，長期放任不管也可能演變成嚴重疾病，必須時常關心牠們的舉動才行。

貓咪的壓力反應

貓咪承受壓力時，有七種常見的行為，以下將分別帶大家瞭解各個的壓力強度與解決方法。

東張西望（壓力危險度第一級）
當貓咪瞳孔放大，東張西望觀察周圍，就表示牠相當不安，對周圍保持高度警戒。這通常是在突然聽到巨響或陌生人的聲音時會出現的反應，這時可以用溫柔的聲音喊牠的名字，讓牠安定下來，不要過度緊張。

壓低身體走路（壓力危險度第一級）
當貓咪耳朵往後折，壓低身體，貼在地上走路時，就代表牠正感到害怕或保持警戒，這種時候最好為貓咪準備能躲藏的安全空間。

快速搖尾巴（壓力危險度第二級）

若貓咪快速搖尾巴末端，或是拍打地板，就代表牠現在非常不安。如果貓咪在被撫摸或抱著時出現這種行為，就代表牠非常不舒服，請趕快放下或停止碰觸牠。

毛髮直豎，行為凶狠（壓力危險度第二級）

若貓咪的毛整個炸開、尾巴像卡通裡的浣熊尾巴那樣膨脹，就代表牠很激動。萬一還發出「嘎」的哈氣聲，表現得很凶狠，就是請你離牠遠一點。這是貓咪非常驚嚇或緊張時的反應，請給牠時間自行平復。

大聲喊叫（壓力危險度第三級）

雖然有些貓咪很聒噪，但一般貓咪平常不太會叫。要是牠異常地不停大叫，可能是很不安或是不舒服。不過貓咪在肚子餓或貓砂盆很髒等，有需求時也會喊叫，所以必須確實掌握貓叫的原因。

張嘴呼吸（壓力危險度第三級）

貓咪是用鼻子呼吸的，所以除非是做激烈運動，否則不會張嘴呼吸。請注意，如果貓咪突然張嘴急促呼吸，就代表牠極為不安或正處於高壓。過一段時間還沒有平息，建議致電給動物醫院詢問。

隨地大小便（壓力危險度第三級）

貓咪不需要別人教，也能養成在貓砂盆大小便的習慣，所以如果突然在貓砂盆以外的地方上廁所，就代表牠的壓力很大或非常不安。隨地大小便很可能是健康問題，不要責備牠，先檢視貓咪的狀態再做判斷。

以上就是貓咪受到壓力時會出現的代表性行為。如果發現貓咪壓力很大，就要趕緊找出原因並解決才行。

CHECK 帶給貓咪壓力的因素

☐ 聽到吵架聲或歡呼聲等巨大聲響。

☐ 搬家或家裡裝潢改變。

☐ 突然改變貓砂、飼料或餐具。

☐ 跟其他寵物一起住。

☐ 家裡出現新的成員。

☐ 貓奴長期外出而出現分離焦慮。

☐ 暴露在陌生環境，例如：散步或外出。

BEMYPET Tip

請適當判斷貓咪的壓力程度
如果貓咪出現危險度第三級的行為，代表牠正在承受巨大的壓力，建議立即請醫生幫忙診斷。尤其是隨地大小便，很有可能是因為貓咪生病了，必須多加注意。

從貓天性讀懂貓心事

嗨！你要知道
我是誰！

　　人類是從什麼時候開始跟貓一起生活呢？根據資料顯示，至少從九千年前上古中東地區發展農業的時候就開始了。雖然跟人類相處的時間很長，但貓咪個性中特有的敏感與刁鑽，使得養貓沒有想像中容易。

　　如果想要懂牠們的內心，就要以動物學的觀點來看待貓咪。當我們越瞭解貓咪的本能、習性與身體特性，就越能提升貓咪的幸福度。接下來，我們來瞭解一些關於貓咪的基本知識吧！

🐾 瞭解貓咪的野性本能與習性

野生的肉食小猛獸！

貓咪可愛機靈的外型和輕盈的步伐，總是不知不覺融化貓奴的心，但有件事情不該忘記，就是「貓是動物當中最強悍的肉食動物」！光看外表，貓的體型比狗更小，似乎非常弱小，但其實貓的狩獵本能超乎我們的想像。只要被牠銳利的牙齒咬到，或是被牠鋒利的爪子抓到，就不會輕易放開；此外，還能輕盈跳上比自己高五倍的地方、最高可以加速奔馳到時速 48 公里，這些條件讓貓咪非常適合狩獵。

即使是家貓，每天也要用逗貓棒陪牠玩 30 分鐘以上，讓牠盡情發揮狩獵本能，還有利用貓跳台等物品充分進行上下運動。貓咪會在本能上捍衛自己的地盤，所以面對陌生人或其他動物時，可能會有高度警戒心與敵意，甚至跟同住的動物爭奪領域。

卓越的體能和感官

貓咪有優秀的平衡感，能穩穩走在不到手掌寬的狹窄柵欄、圍牆上；貓咪還有驚人的著地能力，即使從比身長高九

倍的高處往下跳，還是能毫髮無傷地安全落地。不僅如此，貓咪的柔軟度也特別厲害，甚至有人開玩笑地說「貓咪是液體」，聽說貓咪之所以能輕易穿過小箱子或魚缸等狹窄空間的祕密在於「鎖骨」，因為貓咪的鎖骨不是骨頭，而是與肌肉連結，能夠柔軟地活動。

因此，請一定要記住「家裡沒有貓碰不到的地方」，尤其是放在高處的物品，那些都有可能會被貓咪摔破，因為對貓咪而言，要爬到我們手碰不到的地方，可說是易如反掌。在後面的章節，我們也會更仔細說明貓咪身體構造。

變化莫測的大魔王

貓奴們想必都領教過貓咪的變化莫測：原本舒舒服服享受著梳毛和撫摸的貓咪，忽然間表情大變、展開攻擊，或是跟平常一樣開心玩耍時突然張口咬人。這些翻臉的瞬間都讓人措手不及，甚至覺得委屈……不過，貓咪的善變也是有理由的。

如果是未滿一歲的貓咪，有可能是因為正值換牙期或是想玩，才出現類似攻擊的行為，不需要太在意。但如果是已經習慣被碰觸的貓咪，某天突然做出攻擊性的

行為，那有可能是因疾病或受傷而感到疼痛，需要仔細觀察才行。貓咪是愛恨分明的動物，不要把牠們驟變的行為視為攻擊，當成一種情緒表現就行了。

挑剔又敏感的貓老闆

貓咪是領域性動物，對於生活空間的變化比其他動物更為敏感，甚至會因為飼主無意間帶回來的物品或家具而感受到莫大的壓力。首先，最好避免太常更換貓砂盆、飼料、餐具等跟貓咪生活密切相關的物品，如果必須更換，先讓貓咪有一段時間適應，同時使用新的物品和既有的物品。尤其要注意飼料，如果突然更換，貓咪可能出現拒食、腹瀉、嘔吐等症狀。

此外，也有些貓咪對於自己的物品格外迷戀，當習慣的玩具或毛毯被換掉時，會讓牠們備感壓力。所以如果是跟敏感的貓咪一起生活，建議在替換物品時選擇相似的種類，並且在貓咪完全適應新物品之前，不要丟掉既有的物品。

獨立的 My Way 風格

每隻貓咪各有不同的個性，但大部分的貓咪都有很強的獨立性。從歷史上來看，野生的貓咪本來就不是群居動物，

而是獨自狩獵，所以跟狗相比，幾乎沒有同伴意識、主從觀念。在貓咪的世界裡有階級之分，但那純粹是承認對方比自己強，並非認定對方為自己的領導者。在貓咪的眼中，飼主不是比自己更高階的存在，或是必須服從的對象，頂多認為彼此是一起生活的同伴，因此不太會倚賴或無條件跟隨飼主。請理解貓咪獨立自由的天性，並記住訓練貓咪與訓練狗狗是完全不同的概念。

🐾 認識貓咪的身體

接下來，我們來瞭解貓咪身體各部位的特徵。從精緻的眼睛、鼻子、嘴巴，到可愛的尾巴、腳、腳掌，光想想就讓人心情很好！

貓咪的眼睛
貓咪有嚴重近視，難以辨別距離六公尺外的物體，同時也是紅綠色盲，無法分辨紅色和綠色。為了彌補這點，貓咪擁有卓越的動態視力和夜間視力。據說貓咪捕捉活動獵物的動態視力是人類的四倍，夜間視力是人類的六倍。

貓咪的耳朵

貓咪的聽力非常好。人類能聽到的聲音頻率範圍最高是20,000Hz，狗是 45,000Hz，但貓咪能聽到的範圍可達到64,000Hz。聽說貓咪連一百公尺外的聲音都能察覺，甚至能夠透過聲音預測獵物的種類與大小。

貓咪的鼻子

提到嗅覺時多半聯想到狗，但貓咪的嗅覺也是不遑多讓。貓的嗅覺大約比人類敏銳十萬倍，聞得到非常稀薄的味道，甚至能察覺到人類無法感受的費洛蒙。此外，貓咪還能透過鼻子測量溫度，連 0.5℃的溫度差異都能感受到。

貓咪的舌頭

貓咪舌頭上有尖刺狀的突起物，所以被貓咪舔拭時，會覺得有點粗糙。牠們舌頭上的突起物，能讓貓咪輕鬆解開打結的毛髮，也能挑出在毛髮深處的異物或跳蚤。貓咪的舌頭特性是所有貓科動物都擁有的共通點。

貓咪的鬍鬚

貓咪的鬍鬚不只是生長在嘴巴周圍，連眼睛上方、下巴、前腳後側等各處都有。這些鬍鬚周遭擁有許多神經，對貓咪來說是一種感知器官，能透過細微的電流和氣流變化探索周遭物品的位置、距離，或是物品的質地、大小等等，在黑暗中也能以鬍鬚的感受來辨識方向。

貓咪的肚子

貓咪的肚子總是相當鬆軟、下垂，但這並不是因為牠們肥胖。這部位被稱為「原始袋」，可以保護肚子裡的內臟器官，幫助貓咪迅速俐落地活動，增加身體的柔軟度。

貓咪的皮膚

貓咪會透過舔毛來自行清潔身體，不過尾巴或下巴附近會分泌很多皮脂，而且是難以舔到的部位，所以經常會長粉刺。為了預防粉刺，建議定期使用溫熱的濕毛巾，幫貓咪擦拭或梳毛。

貓咪的腳掌

貓咪的腳掌有非常可愛的肉球，而且還有不一樣的顏色！貓咪的腳掌是汗腺所在的敏感位置，也有柔軟的彈性，能讓貓咪從高處往下跳時減少衝擊，也有助於降低腳步聲。

貓咪的爪子

貓咪的爪子非常銳利，能讓牠們輕易爬上高處，也是牠們身處危機時的強大武器。但如果因為很有用就不修剪，反而容易讓貓咪受傷，建議每兩至三週修剪一次。另外，如果貓咪營養不良，爪子就會分岔、破裂，請仔細觀察貓爪的狀況。

貓咪的尾巴

尾巴對貓咪來說是不能缺少的重要部位。當貓咪從高處往下跳，或是走在狹窄空間時，尾巴能讓貓咪保持平衡。此外，貓咪也會透過尾巴表達各種情緒，如果想瞭解貓咪的心情，仔細觀察尾巴的擺動就行了。

貓咪的肛門

貓咪的肛門有「肛門囊腺」，會分泌出肛門腺液並在排便時自然排出。如果肛門腺液沒有排乾淨，必須由人類幫忙擠出，以免造成發炎。因此，若看到貓咪坐在地上磨屁股，請務必檢查牠的肛門囊腺。

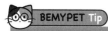 BEMYPET Tip

尚未家畜化的貓

貓從上古時代就習慣獨立生活。當動物開始與人類同居後，狗就被人類馴化，全力幫助人類的活動，例如雪橇犬、牧羊犬、獵犬等，但貓頂多是抓老鼠或小動物，跟狗相當不同，具有不易馴化的特性，可說是尚未家畜化的動物。

一定要知道的貓咪疾病

　　貓咪是一種特別容易生病的動物。狗除了先天疾病之外，較顯著的都是跟老化有關的疾病，但貓咪從小就容易因為壓力而染病。

　　在養貓時，盡可能瞭解貓咪可能罹患的疾病，以及注意貓咪不舒服的訊號。貓咪的求救訊號往往會被視為問題行為，或是直接被忽略，因此導致疾病惡化的情況屢見不鮮，所以平常就要格外留心貓咪的行為。在這個章節裡，我們先來瞭解貓咪常見的疾病。

🐾 貓咪常罹患的疾病

膀胱炎

膀胱炎是貓咪經常罹患的疾病，只要妥善照護就能正常生活，不需要過度擔心，但還是建議平常仔細觀察貓咪的小便狀態，才能及早發現異常。

膀胱炎症狀
- ☐ 小便次數增加。
- ☐ 小便帶血。
- ☐ 不離開貓砂盆。
- ☐ 隨地小便。
- ☐ 尿液顏色混濁。
- ☐ 尿液散發惡臭。
- ☐ 過度舔拭生殖器官。

膀胱炎的治療方式取決於是細菌感染，還是沒有明顯原因造成的突發性膀胱炎。如果貓咪出現左述症狀就要看醫生，並接受正確的診療，尤其突發性膀胱炎必須根據醫師的指示餵食處方藥，需要特別花心思管理飲食量和壓力。前面提過，貓咪對於味道和香味非常敏感，所以餵藥時可以將藥跟飼料混在一起，給予貓咪適應的時間，讓牠習慣吃藥。

預防膀胱炎最重要的是避免貓咪受到壓力，並維持貓砂盆的整潔，也要讓牠有充分的玩樂時間紓壓。

口炎

　　口炎也是貓咪經常罹患的疾病之一，原因有很多種，可能是牙齦疾病、牙結石、病毒感染或免疫力低下等等。尤其是累積在牙齒和牙齦間的牙結石，不只會引

口炎症狀
☐ 過度流口水。
☐ 嚴重口臭。
☐ 體重減輕。
☐ 呼吸困難。
☐ 嘴巴一直打開。
☐ 無法舔毛，
　　導致毛髮亂七八糟。

發口炎，還會造成牙齦和牙齦附近的骨頭發炎，因此若要預防口炎，盡可能每天幫貓咪刷牙，或是至少一週刷二至三次。貓咪的刷牙方法會在 P.104〈貓咪的無壓力刷牙法〉中說明。

　　口炎的治療方法會依階段不同而改變。如果是初期有口臭，可以透過藥水或洗牙治療，但如果口腔已經發炎和疼痛，可能就需要開刀拔牙。

貓皰疹病毒

貓咪感染皰疹病毒後，普遍會出現類似人類感冒的上呼吸道症狀，所以又稱「貓流感」、「貓鼻氣管炎」。傳染途徑是直接接觸已被感染的貓，或是透過鼻水、口水等分泌物而被傳染，有一至五天的潛伏期，而且傳染力非常強。確診後容易演變成慢性鼻炎，或是在免疫力差時會再次出現症狀，因此要多加留意。如果多貓家庭要領養流浪貓，建議先在醫院檢查，並隔離一段時間再帶回家比較安全。

如果貓咪出現上述症狀，要立刻送去動物醫院接受治療。健康的成貓多半只有流鼻水、打噴嚏等輕微的症狀，但如果是幼貓或免疫力不好的貓咪，可能會出現無精打采、食慾不振、結膜炎、咽喉炎等症狀，還可能演變成低血糖休克、脫水、肺炎等嚴重的問題。

幸好現在可以透過接種疫苗來預防，雖然不是百分之百免疫，但貓咪在接種疫苗後，就算感染症狀也多半比較輕微，所以務必要接種。

🐾 接種疫苗，預防重大疾病

貓咪的疫苗建議從出生六週至一年為週期接種。雖然依據各國法規，貓咪必須注射的疫苗不同，但主要都是針對「貓瘟病毒、貓卡西里病毒、貓皰疹病毒、貓披衣菌、貓白血病」這五種疾病，再依照涵蓋的疾病種類多寡，分成三合一、四合一、五合一疫苗，另外還有狂犬病的疫苗。

以韓國為例，韓國貓咪獸醫協會選定四合一疫苗和狂犬病疫苗為必須接種的疫苗（台灣規定必須施打狂犬病疫苗，並依照「世界小動物獸醫協會 WSAV」建議，以高傳染率、高致死率的「貓瘟病毒、貓卡西里病毒、貓皰疹病毒」的三合一疫苗為核心疫苗）。

如果以四合一的疫苗來說，除了前面提到的貓皰疹病毒，還包含預防貓卡里西病毒、貓披衣菌、貓瘟病毒。接下來簡單介紹這幾種疾病。

首先，「貓卡里西病毒」又稱「貓杯狀病毒」，跟貓皰疹病毒一樣是上呼吸道的疾病，會引發口腔內的發炎，嚴重一點甚至導致肺炎、關節炎。感染「貓披衣菌」的症狀，也幾乎跟貓皰疹病毒一樣，包含結膜炎、流鼻水、打噴嚏、肺炎等，兩者的差異在於：貓皰疹病毒是病毒，貓披衣菌是細

菌。「貓瘟」又稱「貓小病毒性腸胃炎」或「貓泛白血球減少症」，是引發貓泛白血球減少症的病毒，不僅傳染力強，且致死率非常高，症狀有嘔吐、腹瀉、發燒、血便等。

最後則是狂犬病，屬於可能傳染給人類的人畜共通病。雖然名稱是「犬」，但包含貓咪在內的所有動物都必須接種。

應該幫貓咪接種哪些疫苗，建議考量自家貓咪的飼養方式、是否為多貓家族，以及貓咪本身的健康狀況，與獸醫諮詢後再做決定。

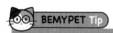
BEMYPET Tip

貓咪的尿液顏色是健康指標！
平時可以多觀察貓咪的小便顏色，因為貓咪的健康狀況，很容易表現在尿液中！建議使用白色的貓砂，比較容易察覺小便的顏色變化。

貓咪眼中的魔王級人類

　　貓咪的想法有時好懂，有時又難以理解；一下子看似全然信賴你，一下子又突然拉開距離。而這很有可能是因為我們無心的舉動，造成了貓咪的痛苦！

　　瞭解貓咪的想法並累積信賴感的第一步，就是「不要做貓咪討厭的事」。請牢記，貓奴們對貓的愛意，有時候反而帶給牠們沉重的壓力，接下來就讓我們一起來看看貓咪最討厭的五種人吧！

🐾 不容拒絕的抱貓魔人

　　貓咪討厭被束縛，所以非常厭惡被緊緊抱住、動彈不得的感覺，會讓牠們覺得自己無法逃走而感到危機和不安。

　　還記得前面提過貓咪感到壓力時的行為嗎？如果在抱貓時，發現牠尾巴快速拍打、搖擺、開始叫，就代表牠很不舒服，請立刻放下牠。除非是餵藥、刷牙、剪指甲這種非抱不可的時候，否則最好不要勉強貓咪。如果硬要碰觸牠，只會讓牠對肢體接觸產生負面印象，變得不願意靠近你，甚至躲得遠遠的。

🐾 跟前跟後的跟屁蟲

　　貓咪個性獨立，很需要自己的獨處時間，如果時不時跟在牠身後、動不動摸牠兩下，會讓牠們覺得壓力很大。不少貓奴喜歡在貓咪睡覺時摸牠的肉球和肚子，但就像人類如果在睡覺時一直被干擾會很疲倦一樣，貓咪當然也是如此。雖然貓咪看似睡個不停，但實際上的睡眠時間並不長，所以請替牠著想，給牠充分的休息時間。

常常興奮大叫的嗨咖

看到可愛的貓咪，忍不住想發出高亢的聲音表達喜愛，對吧？不過貓咪的聽力非常好，對微小的聲音也非常敏銳，所以有時候看電視或講電話突然大笑或大聲說話，也會導致貓咪不安。實際上，有些貓咪聽到貓奴大叫後甚至會躲起來一陣子，或是豎起毛髮、表現出兇狠的態度。一般貓咪對男性的戒心比女性更強，也是因為男生的聲音比較粗獷宏亮，因此和貓咪說話時最好能提高音調、語氣溫柔。

身上氣味強烈的味道人

貓咪的嗅覺跟聽覺一樣敏銳，聞到討厭的味道就會立刻避開。貓咪討厭的不只是臭味，大部分的人覺得很香的柑橘、薄荷味，對貓咪來說也是避之唯恐不及。跟貓咪一起住的時候，最好避免使用味道強烈的香水、保養品、芳香劑或室內芳香噴霧，尤其要注意菸味或香氛精油，可能對貓咪的健康帶來致命的威脅。

🐾 行為詭異、動作大的粗魯人

「每次做瑜伽的時候，貓咪都會變得很兇」、「我只是動一下牠就逃走了」……很多人都有類似的困擾，因為對人類來說稀鬆平常的行為，在貓咪眼中卻是：「他好奇怪，我要小心！」雖然大部分的貓過一段時間就能鎮定下來，但個性敏感的貓咪可能持續豎起毛髮、保持警戒好幾天。除此之外，貓咪看到坐著的人突然起身或披上外套，也可能出現這種反應。

如果貓咪瞳孔放大，充滿戒備地豎起毛髮，或是停下來盯著你，請立刻停止動作，將身體蹲低，等待貓咪習慣狀況、安定下來。

 **BEMYPET Tip**

安撫生氣貓咪的方法

在貓咪表現出攻擊性時，貓奴不能表現得很慌張，因為這樣反而會刺激貓咪，讓牠更激動。如果想讓貓咪平靜下來，就要像平常一樣冷靜行動、溫柔說話。與其硬要安撫或勉強牠，不如等牠自己鎮定下來。

專欄 | 怎麼跟新認識的貓咪拉近距離？

基本上貓咪的戒心很強，很難第一次見面就變得很親近。如果急著想靠過去，貓咪反而會離你更遠，所以我們要配合貓咪的速度慢慢靠近。初次跟貓咪見面時，該怎麼做才好呢？

✦ 第一次見到貓咪時要這麼做！

等待貓咪主動靠近

如果不是在熟悉的家裡，而是在外面或陌生環境中，貓咪的戒心會比平常更強。如果在這個情況下，有陌生人突然靠近，貓咪就會感受到危機。所以第一次見到貓咪時，最好耐心等待貓咪主動靠近，而且不要隨便伸手觸摸。

提高說話聲調

貓咪喜歡高音勝於低音，所以通常貓咪會喜歡女性聲音勝過男性聲音。建議對貓咪說話時稍微提高聲調，盡量用冷靜、溫柔的聲音說話。

降低身體的高度

從貓咪的立場來看，直挺挺走過來的人就像個逐步逼近的巨大陌生物體，所以牠們會害怕、感到危險。因此在面對戒心強的貓咪時，盡可能壓低身體蹲著，能夠降低威脅性。

善用零食和玩具

請蹲低後拿著零食和玩具，吸引貓咪的注意。雖然貓咪可能玩膩或吃完後就跑掉了，但不要失望，就讓牠去吧！所有的貓咪都喜歡零食和玩具，只要重複做這些舉動，不知不覺間就會縮短與貓咪的距離。

讓貓咪聞手上的味道

貓咪會以嗅聞來掌握許多資訊，像是跟其他貓咪互相碰鼻子聞味道，以此確認敵友，所以為了降低貓咪的戒心，建議伸出手讓貓咪聞聞看。如果貓咪稍微放鬆警戒，就會豎起尾巴悠哉地走到旁邊。

稍微觸摸鼻子

如果貓咪感覺已經放鬆警戒，可以嘗試稍微摸摸牠。如果把手高舉到貓咪頭上，可能會讓牠害怕，因此建議先在貓咪的視線範圍內撫摸牠，像是從正前方摸摸牠的鼻樑、臉頰、毛髮，這時貓咪如果瞇瞇眼，就表示心房又打開了一點！

與貓咪初次見面時的注意事項！

🔍 **不要做出太大的動作、發出很大的聲音**

不要說大的聲響了，連搬動物品或伸懶腰這種行為也可能把貓咪嚇跑。所以如果和貓咪認識不久，在做出大動作的時候更要小心，也要避免發出很大的聲音。

🔍 **避免雙眼直視**

「雙眼直視」對多數貓咪來說是一種敵意或攻擊訊號，所以如果彼此還沒有很親近，最好不要雙眼直視牠。等累積充分的信賴感後，貓咪會在與貓奴四目相接時慢慢閉上眼睛再睜開，如前面所提到的「慢速眨眼」。

🔍 **掌握貓咪的情緒**

貓咪跟人一樣，心情不好時不喜歡別人靠近。在靠近貓咪之前，最好先觀察牠們的尾巴、表情等多種行為語言來掌握情緒。一般來說，貓咪心情不好時會有以下的特徵，提供參考。

- 耳朵往旁邊或後面壓得平平的，俗稱「飛機耳」。
- 瞳孔變細。
- 把尾巴夾在身體裡。
- 快速移動尾巴、拍打地板。
- 毛髮豎直。

我們趕快變熟吧！

PART 2

嗶！你的這些行為，
貓咪覺得壓力很大

缺乏陪伴的「貓壓警報」

滴滴

貓奴什麼時候
回來啊？喵～

答答

　　大家普遍認知貓咪跟狗不同，不會覺得孤單，能自在獨處，但其實這是錯誤的資訊。貓咪跟貓奴分開的時候，也會感到孤單和憂鬱，只是跟狗相比起來不明顯，所以人類沒有察覺到罷了。

　　貓咪獨處的時間越長，越容易感受到不安和緊張，甚至出現分離焦慮的症狀，對於容易有壓力的貓咪來說，這可能有害健康。這個章節將提到如何察覺貓咪孤獨的訊號，哪些是分離焦慮的症狀、原因以及解決方法。

貓咪孤獨的訊號

當貓咪想吸引人類注意時，會做出一些特定行為。雖然每隻貓的個性不同，但這些行為嚴重時可能導致感情匱乏、分離焦慮等症狀，所以發現貓咪出現下列舉動時，一定要更關心貓咪才行。

大聲叫很久

貓咪平常不太叫，因為貓咪們在溝通時，通常更仰賴行為語言。如果貓咪常常叫，或是持續大叫，就代表牠在求關注，或是請求飼主解決牠的不安。不過貓咪的情緒轉換很快，所以也很有可能才剛博取關心，轉身又跑去做別的事。總而言之，如果叫聲持續過久，多注意牠一點總沒錯。

尾隨在貓奴身後

如果貓咪擋在廁所門前、在門關上的時候對著門大叫，或是一直跟著你，就代表看不到你讓貓咪感到不安。這種時候請多關心貓咪，並找出這些行為背後的原因。

對貓咪來說，飼主身邊是最安全、最放心的空間，因此你如果外出時間過長，就要在回家後充分陪伴和滿足牠。

比平常更愛惡作劇

貓咪為了吸引注意力，可能會故意摔東西、撕衛生紙、把房間弄亂。雖然一般來說會先發出叫聲或是磨蹭，但如果還是被忽略了，牠就會做出這些行為來刷存在感。

另外，貓咪的訓練通常是為了預防問題行為，針對惡作劇行為責備貓咪一點效果都沒有，甚至會讓貓咪認為這些是「一起玩耍」的意思。請幫貓咪打造一個讓牠們無法開危險惡作劇的環境吧！

妨礙貓奴的行為

你曾經發生過「工作時貓咪趴在筆電上」、「明明在忙貓咪還一直擠過來」等事情嗎？如果貓咪不斷礙事，那就是想要吸引你的注意力，為了不讓你專注在其他事情上所採取的各種攻勢。

這種時候不要不耐煩或發脾氣，建議先撫摸貓咪或陪牠玩五分鐘，透過稍微的撫摸滿足貓咪的陪伴需求，牠很快就能自己獨處。在工作結束後，也可以給貓咪零食或陪牠玩逗貓棒，以此作為貓咪等待的補償。

🐾 貓咪分離焦慮的症狀有哪些？

造成貓咪分離焦慮的原因有很多，後面內容會更詳細探討。接下來，我們先透過「表二」來瞭解貓咪有分離焦慮時會出現的行為。

·表二 貓咪分離焦慮症狀

貓咪的行為	行為的意義
叫聲過於頻繁	如果貓咪反常大叫或是一直叫，表示正感到不安。如果在貓奴出門後，貓咪持續在玄關前發出叫聲，很有可能是分離焦慮的症狀。
隨地亂尿尿	貓咪是愛乾淨的動物，通常不會隨地亂小便，但如果貓咪在貓砂盆以外的地方尿尿，就一定要多加留意，有可能是累積過多壓力或疾病的前兆。
過度舔毛	貓咪醒著的時間有三分之一都在舔毛。如果發現貓咪只舔特定部位，或是持續舔到毛都濕了，就代表壓力很大。
突然愛撒嬌	突然愛撒嬌也是分離焦慮的症狀之一，這時不能因為貓咪撒嬌就開心，反而會讓牠的分離焦慮變嚴重。
拒吃飼料	貓咪拒吃飼料代表正在承受極大的不安和壓力。如果身體健康卻不吃，請回想自己回家的時間是否變晚了。
躲在角落	貓咪狀況不好或不舒服時，會習慣躲在角落，焦慮時也會這樣。此情況可能演變成疾病，所以要仔細檢查貓咪的健康狀態。

🐾 解決貓咪分離焦慮的方法

如果已經判斷貓咪有分離焦慮，那就需要努力來消除牠的不安，此時貓奴所扮演的角色和持續練習特別重要。

首先，如果貓咪分離焦慮的症狀還沒有演變成疾病，透過行為矯正就可以緩解。行為矯正的重點是「不要讓貓咪在獨處時不安」，只要減少貓咪的壓力，並透過玩樂增加精神刺激，大多都能解決。

充分陪伴

首先要做的就是多陪伴貓咪。不是單純待在家裡就好，一天最好陪貓咪玩個兩到三次，每次五分鐘以上。在玩的時候，需要利用各種玩具和零食，積極陪牠玩耍。

假裝外出

如果貓咪在你穿衣服準備出門時看起來焦慮不安，最好多在家演練外出的情況讓貓咪適應。請依右頁順序練習，並透過重複步驟 ❶ 到 ❹，來確認貓咪分離焦慮的症狀有沒有好轉。

❶ 一天在玄關前穿鞋準備外出兩三次。

❷ 穿上鞋子後回到房間，繼續做其他事。（貓咪認為穿鞋就是要出門，這個動作是為了告訴貓咪，就算貓奴出門也不會發生什麼事。）

❸ 如果貓咪看到你穿鞋也沒有不安，可以稍微走到玄關外。

❹ 五分鐘後再回到家裡，用日常的平淡語調簡單問候貓咪後，再陪牠玩。

增加貓咪用品

布置一個空間，讓貓咪獨處時能開心玩耍也是一個好方法。前面提到，貓咪喜歡做上下運動，所以設置貓跳台的效果很好。在設置貓跳台時，可以擺設在窗戶旁邊，讓貓咪可以看著窗外風景打發時間。此外，也可以按照貓咪的喜好，增加貓抓板、毯子、貓窩等各種用品。

CHECK **貓奴外出前的確認清單**

☐ 準備充分的食物和新鮮的水。

☐ 在貓咪休息處的周圍撒上貓薄荷。

☐ 將易碎物品收好。

☐ 可以播放讓貓咪鎮定的療癒音樂。

☐ 出門時盡可能不要跟貓咪說話。

☐ 簡短地向貓咪道別。

🐾 貓咪出現分離焦慮和孤單的原因是什麼？

有些貓咪就算經常跟飼主在一起，也可能會有分離焦慮。以下列出可能導致貓咪分離焦慮的原因。

太早與家人分開

幼貓最好能在出生後八、九週內跟母貓一起生活，因為這段期間是讓幼貓接受各種刺激、學習和社會化的時期。幼貓會在此時期學習如何跟其他動物相處，並讓自己適應新的環境和狀況，所以如果太早跟家人分離，沒有學到該學到的部分，因為緊張不安而出現分離焦慮的機率也會比較高。

先天個性

貓咪先天個性敏感，容易出現分離焦慮。要解決先天的因素很困難，所以需要貓奴的努力，建議可以預先準備讓貓咪運動的環境與各種用品，提升貓咪的滿足感，守護牠的身心健康。

周圍環境的變化

貓咪對周遭環境的變化非常敏感，所以如果增加新成員或新家具，也可能造成貓咪的不安和壓力。這種時候可以用貓薄荷摩擦家具，幫助貓咪適應。

疾病前兆的症狀

貓咪身體狀況不好或生病時，也可能出現分離焦慮。如果難以找到原因，請仔細檢查貓咪除了分離焦慮的症狀外，是否還有其他異常的行為或症狀。

BEMYPET Tip

嚴重的分離焦慮可以用藥物治療

大部分的分離焦慮透過矯正行為就能改善，不過如果狀況太嚴重，可以請醫生診斷後，開立抗憂鬱藥物。在以藥物治療時，一定要按照服用指示，因為有些敏感的貓咪就算只是稍微增加服用量，也可能出現副作用。

錯誤的抱貓方法是大地雷

是這樣抱嗎？

　　貓咪其實不太喜歡被抱。每隻貓咪個性不同，但大部分貓咪被抱都會逃走或掙扎。不過也是有非抱不可的時候，像是剪指甲、餵藥或把貓咪移到外出籠等，這種時候如果以錯誤的方式抱貓或勉強貓咪，可能導致牠們受傷或產生陰影，所以要特別注意。不過，為什麼貓咪這麼討厭被抱呢？

🐾 為什麼貓咪討厭被抱？

前面有提過，基本上貓咪很獨立，所以比起跟誰黏在一起，更喜歡維持一定的距離。舉例來說，狗會要求人類撫摸牠，但大部分貓咪不會，這跟喜不喜歡無關，純粹就是覺得被抱不舒服、有被束縛的感覺。

除此之外，人類身上常有保養品、香水、香菸等讓貓咪抗拒的味道，所以如果想跟貓咪有肢體接觸，必須避免身上有太強烈的味道。

一旦在貓咪心中留下負面印象，之後不管再怎麼小心抱牠，還是會激烈反抗，貓咪的心裡陰影需要很久才能消除。接下來，讓我們一起瞭解抱貓的正確方法。

🐾 貓咪討厭的被抱姿勢

勉強硬抱

如果貓咪不願意被抱，請不要勉強牠，尤其如果貓咪已經表現出態度凶狠、耳朵往後折、壓低身體等行為，說不定會為了防衛而展開攻擊，這樣更危險。

肚子朝上平躺抱起

跟抱嬰兒有點像的這種抱法，只能在
貓咪對你很信賴的時候嘗試，因為讓貓咪
的肚子露出來，等於要牠暴露出弱點，
再加上貓咪本身討厭被抱，這樣的抱姿
會讓牠更不安、更想逃離。

揪著後頸抬起貓咪

有些人看到母貓叼著小貓後頸
移動，誤以為貓咪喜歡被揪著後頸
抱起，但除非是年幼小貓，否則這
動作對牠們來說既不適又痛苦。尤
其成貓體重較重，被揪著後頸往上
抬的負荷太大，可能因此受傷。

抓住貓咪前腳抬起來

抓住貓咪前腿抬起的動作也非
常危險，牠們的踝關節可能因此受
傷。尤其貓咪不願意被往上拉而反
抗時很容易受傷，必須特別小心。

雙手放在貓咪腋下，直接抬起來

這是最常見的錯誤動作，這種抱貓方式的重量集中在肩膀的關節上，對前腳和肩關節來說過於吃力，貓咪也可能因此受傷，請特別注意。

🐾 該怎麼抱貓咪才安全？

首先，如果你家貓咪不習慣被抱，那麼必須先讓牠感覺到舒服安穩才行。建議在貓咪舒服休息時，或吃完零食後心情好的狀態下嘗試。

第一階段：把手放在貓咪的腋下

當貓咪舒服地休息時，試著慢慢把手放在貓咪的腋下，這時如果貓咪有排斥或厭惡的表情就先遠離，並持續等待，直到貓咪習慣被抱。

第二階段：支撐著貓咪的後腿和臀部

當貓咪習慣第一階段後，試著把手放在貓咪的腋下微微抬起。抬起前腳後，用另一隻手快速撐起貓咪的後腿和臀部，然後固定姿勢，讓貓咪舒服地靠著。重點是一切動作都要「很溫柔」。

第三階段：把貓咪前腳放在自己手臂或肩膀上

在這個階段調整姿勢，讓貓咪能夠被抱得舒適。每隻貓咪喜歡的姿勢不同，建議從基本姿勢逐步調整。一般來說，會將貓咪前腳放在人的肩膀上，同時用手臂撐著牠的臀部和後腳，並注意不要抱得太用力。

 BEMYPET Tip

抱貓咪時需要耐心

在抱貓咪時，請耐心等待貓咪適應各個階段。如果貓咪發出以下的訊號，代表牠很不舒服，請立刻停止。

· 尾巴用力敲打地板。
· 發出「嗚」的低音，或是變得兇狠。
· 耳朵往兩旁折，呈 V 字形（俗稱「飛機耳」）。

嚴厲管教只會造成反效果

　　貓咪有時會用力咬人或開過分的玩笑，用爪子撕毀壁紙或刮傷家具，所以不得不責備牠。但就算一時大發雷霆，也不能打貓或是對貓咪大叫，這樣非但不會讓貓咪反省，反而可能因此攻擊或留下陰影，拒絕與飼主之間再次肢體接觸。

　　到底該如何有效地訓練貓咪呢？首先，我們來看看以下幾件訓練貓咪前的注意事項。

 訓練貓咪前的須知

理解貓咪問題行為背後的原因

貓咪的行為總是有原因的。舉例來說，貓咪抓東西是為了紓解壓力、滿足本能，所以貓抓板是必需品。當沒有貓抓板時，貓咪當然只好抓壁紙或家具，若因此責罵貓咪，牠也不會理解生氣的原因，只是增加壓力而已。請瞭解貓咪有很多的行為純粹是出於本能！

訓練貓咪的重點是預防問題

貓咪從在野外生活時就習慣單獨行動，不像狗一樣渴望飼主的認可，所以像訓練狗一樣做錯事就責備、改正就稱讚的方式，對貓咪沒有效果。一直責罵貓咪，反而會讓過去累積的信賴感和親密感崩盤。

所以，對於貓咪出於本能做出的問題行為，重點不是矯正，而是預防，也就是說，從一開始就杜絕貓咪闖禍的可能。讓我們一起來檢視以下項目吧！

CHECK 打造貓咪不會闖禍的環境

☐ 不在層板或桌上擺放易碎物品。

☐ 以固定裝置吸附可能倒下的家電產品。

☐ 將延長線收在雜物箱裡。

☐ 食物吃完後立刻清理，避免貓咪誤食。

☐ 不讓貓咪接觸廚餘等有味道的垃圾。

☐ 使用有蓋子的垃圾桶，並放上重物，讓貓咪打不開。

☐ 在花盆或暖爐附近套上罩子，避免貓咪碰到。

☐ 如果有貓咪不可以進去的房間，就要預先鎖好。

　　不過，無論再怎麼留心預防，有時候貓咪還是會做出需要管教的問題行為。為了避免破壞與貓咪之間的信賴關係，接下來我們就來瞭解訓練貓咪的正確方法。

 **貓咪的訓練方法**

制定專門訓練的用語

訓練貓咪時，要先思考的是「該怎麼樣讓貓咪清楚理解？」貓咪雖然能透過語調和語氣理解人類的意思，但牠們依然聽不懂又長又複雜的話語，所以最好制定訓練貓咪的用語，例如：如果使用「不行」二字，那就要重複使用，以此讓貓咪理解「不行」的意思是禁止。

罵貓咪時，不可以喊牠的名字

訓練時要特別注意，不能喊貓咪的名字。罵貓咪時喊牠的名字，可能會讓牠對自己的名字留下負面印象，久了之後誤以為被叫名字是被罵的意思。如果叫名字時，貓咪常假裝沒聽到，請回想看看，自己是不是總在罵貓時喊牠的名字。

不要大聲責罵貓咪

貓咪的聽覺非常敏銳，小小的聲音都可以嚇到牠。如果在罵貓時大吼大叫，對貓咪來說並不是訓練，只是帶來恐懼和威脅，對彼此的關係帶來負面影響。請記住訓練不是為了嚇貓，而是防止問題行為。

斥責時維持一致的聲音和語調

我們所說的話，聽在貓咪耳裡不是詞彙而是聲音，牠們是透過溫柔或嚴厲的語調差異來理解。因此，訓練貓咪時最好以簡潔有力的聲音說：「不行！」、「停止！」，維持果斷且嚴厲的一致語調。

面對問題的態度一致

訓練是為了避免貓咪做出同樣行為。若想達到這個目的，每次貓咪做出問題行為時，都必須呈現一樣的反應。如果同一件事情有時責備、有時忽略，貓咪沒有辦法理解。訓練方法與面對問題的態度都必須保持一致的反應。

一定要在案發當下處理

回家後看見家裡一團亂，該怎麼辦呢？正確答案是「先忍耐」。如果事情發生過後才斥責，貓咪沒有辦法理解自己是為什麼被罵，不僅讓牠們感到混亂，還可能徒增壓力。訓練貓咪的時機，僅限於貓咪做出問題行為的當下，如果錯過最好先算了。

絕對不能體罰

貓咪再不聽話都絕對不能體罰。貓咪的身體比人類更脆弱，稍微打一下鼻子或是輕敲頭都可能帶來傷害，別說是矯正行為，反而更增加貓咪的陰影。請記住，體罰會對貓咪的身心帶來巨大影響。

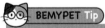

BEMYPET Tip

訓練貓咪的方法：拍手
如果以正確方式訓練貓咪，貓咪還是持續做出相同行為，那麼就請「拍手」。拍手時請先保持一段距離，以免貓咪太過驚嚇，貓咪聽到拍手的聲音會被嚇到而停止動作。最理想的結果是讓貓咪認知到：「當我做這個行為就會發生不好的事情。」不過，由於這個方法是利用貓咪討厭巨響的特性，所以僅限於難以訓練的狀況中使用。

溜貓中潛藏的高度風險

我出去外面像話嗎？

　　隨著養貓的人增加，有越來越多人跟寵物一起拍攝影片或是建立頻道。有些人每天帶著貓咪出門或散步，就是所謂的「散步貓」、「外出貓」、「院子貓」。國外還有人幫貓咪綁上背帶，帶著貓咪出去旅行，引起相當多人的關注，因此導致許多貓奴夢想「能跟貓一起出門」，但請記住貓跟狗不同，外出對貓咪來說是非常危險的行為。

 **外出對貓咪很危險！**

暴露在意外與疾病的風險很高

貓咪走出家門的那一刻，暴露在各種意外和風險中的可能性就急速升高。雖然有些貓想要自由進出家門，但獨自在外的狀況或行為卻完全無法控制，所以非常危險，牠們也很容易被各種聲音嚇到而恐懼不安。

除了很常發生交通意外，感染傳染病或接觸蟲害的風險也很高，這些都會縮短貓咪的壽命。順帶一提，家貓的平均壽命是 15～20 年，外出貓是 12 年，流浪貓則大約 6 年左右，所以還是建議盡量避免外出。

世界上也有討厭貓咪的人

在我眼中的貓咪非常可愛、討人喜愛，但世界上並不只有喜歡貓咪的人，也有些人害怕或討厭貓咪，甚至喜歡欺負流浪貓，故意嚇唬牠們。尤其被人飼養的家貓在面對危險時的戒備較低，更容易遭遇危險，請避免讓貓咪獨自外出。

來自本能的壓力

貓咪將周圍空間視為自己的領域，所以帶貓咪出門，等於是將貓咪的領域擴展到室外。領域越大，貓咪對入侵者的警戒和壓力也越大，一不小心可能連在家裡都沒有安全感而變得不安。

背帶無法確實控制貓咪

有些人說只要用背帶好好訓練，貓咪也能外出，但大家都知道「貓咪是液體」，貓咪的柔軟度極高，可能會從背帶中逃脫出來。儘管有貓咪專用的背帶和牽繩，但也很難保證一定安全。

此外，就算已經徹底訓練貓咪穿上背帶，貓咪也會被突然出現的鳥、其他動物或警笛聲等聲響嚇到而掙脫逃走，因為貓咪的習性是一旦受到驚嚇或害怕就會逃跑。受驚嚇的貓咪就算聽到貓奴的呼喚也會躲起來、不願意出來，有可能再也找不回來。

逃跑的貓咪，還能找到回家的路嗎？

　　如果貓咪在遛貓的過程中逃跑，還能走回家嗎？關於這個問題有個很有趣的實驗。1922 年 Francis Herrick 教授在《自然》雜誌上發表了「貓咪的返家能力」實驗。研究團隊把母貓和幼貓用汽車載到離家很遠的地方，在 8 隻貓咪中有 7 隻貓咪成功找到回家的路。經實驗後，貓咪能回家的距離大約是 1.6～4.8 公里，最後第八次無法回家的實驗是將貓咪載到距離家裡 26.5 公里遠的地方。

　　1954 年在德國也進行了類似的實驗。他們設計迷宮並製造許多出口，然後把貓咪放進去。結果貓咪紛紛從離家最近的出口出來，而且多數年紀大的貓咪都能迅速離開迷宮。

　　但因為實驗顯示貓咪離家 1.6～4.8 公里也能找到回家的路，你就覺得貓咪在遛貓過程中迷路了也能順利回家嗎？事實並沒那麼理想，原因如下：

貓咪的跑步速度

　　以家貓來說，據說只要決定奔跑，最快可以加速到時速 48 公里，也就是說，牠跑 5 分鐘就能跑到離家 4 公里遠的地方。如果是在遛貓，那麼走失範圍可能更大。

貓咪的逃避本能

貓咪在極度害怕的時候，會想要跑到更深遠、更角落的地方躲起來。如果是在遛貓時逃走的家貓，會比在戶外長大的流浪貓離開領域時更害怕、更想躲藏，一旦貓咪躲起來，就算看到貓奴也不會輕易出現。

貓咪死亡原因第一名：路殺意外

最後一個最常見的危險原因，就是路殺意外。這點在許多國家都一樣，韓國國土交通部在 2019 年的調查中顯示，包含流浪貓在內，僅是一年的期間，光首爾一個地區，就有大約 5 千隻貓死於交通意外。

🐾 請站在貓咪的立場思考外出的必要性

對貓咪來說，外出或是遛貓都非常危險。有些人擔心貓咪整天待在家裡很無聊，但其實貓咪不需要散步，牠們真正想要的是前面提到的「上下運動」。比起在寬廣空間中跑動，貓咪更喜歡上下活動，所以如果貓咪看起來無精打采，請為牠設置貓跳台、貓爬架、貓樓梯等物品。

對貓奴來說，任何事都比不上跟貓咪相處的珍貴時間，也可以理解大家想讓貓咪看見這個美麗世界的心意，但我們更應該仔細思考貓咪真正的渴望。

我想回家……喵……

基本上貓咪有很強烈的本能，想要守護自己的領域、避開危險；在陌生環境中的貓咪極度敏感，甚至可能因此壓力大到生病。即便沒有外出，光是喜歡的玩具被丟掉、搬家等大大小小的變化都有可能導致貓咪食慾不振、憂鬱症，何況對於極少面對陌生環境的家貓來說，遛貓需要承受的壓力更龐大。你希望讓貓咪承受著壓力和不安與你一起散步嗎？

BEMYPET Tip

貓咪望著窗外的原因

在社群平台上很常看到貓咪望著窗戶的背影照片，因為這就是貓咪最常做的行為。很多人看到貓咪一直看窗外，就會認為牠們「是不是覺得家裡太悶了？」、「是不是想去外面？」其實我們只要把這個行為理解成人類在看電視就行了，貓咪正在享受以眼睛追逐著窗外移動物體的樂趣，並不是想要出門。

影響貓咪飲食的餐具選擇

啊姆～喵～

　　餐具是負責讓貓咪飽足的重要用品，有多種的材質和設計，讓人苦惱到底該怎麼買才好。不過，請記住一件事——必須考慮貓咪的習性。如果買了不適合的餐具，貓咪可能會拒絕進食。此外，飲水量與貓咪的健康有關，所以水碗也很重要，是影響貓咪水喝多少的關鍵因素。

 選擇餐碗的重點

材質

貓咪餐碗的材質有塑膠、陶瓷、玻璃、
不鏽鋼等，其中塑膠的最便宜，種類也最
多，但需要注意脆弱、易裂的結構，會讓裂
縫滋生細菌。此外，塑膠中的化學物質也可能讓貓咪過敏。

不鏽鋼餐碗的特性是堅固、容易清洗，只是有些貓咪不
喜歡金屬特有的味道。陶瓷碗和玻璃碗質地厚實，可以用熱
水消毒清潔，缺點是比較容易打破。建議配合家裡的狀況和
貓咪的喜好來選擇。

寬度與深度

餐碗最適當的寬度是 12～15 公分，深度則是 3～5 公
分。如果寬度太小，鬍鬚常常碰到碗，貓咪覺得煩就會增加
壓力。另外，碗放置的高度也很重要，一般建議等同貓咪的
膝蓋高度，也就是 7～10 公分左右，根據貓咪的身高、腿
長、吃飯習慣等因素，可能有 2～3 公分的差異。如果不確
定，建議購買可自由調整高度的碗或碗架。

各種功能的貓餐具

貓咪的餐具種類很多，有配合家中貓咪數量的一口碗、兩口碗、三口碗，還有特殊功能的慢食碗、自動餵食器等。通常大部分的「獨生貓」都使用一口碗，但如果貓奴長時間不在家，也可以使用兩口碗，預備充分的食物。

不過，就算使用兩口碗或三口碗，也要把餐碗和水碗分開。如果水和食物擺在一起，水容易受到汙染，貓咪也會覺得水不新鮮。假使貓咪總是吃太快到吐出來，建議使用慢食碗；倘若外出時間很長，又想要控管貓咪食量的話，則建議使用自動餵食器。

貓咪的健康祕訣：水碗

推薦使用玻璃材質

想要貓咪長保健康，最簡單的方法就是「讓牠多喝水」，但因為貓咪天生不愛喝水，必須幫牠打造一個能夠輕鬆補充水分的環境。在此推薦玻璃碗，透明的材質看得到裡面的水，能夠引起貓咪的關注。除此之外，也可以購買玻璃碗和支架，自己做一個貓咪的飲水區。

水碗口徑要夠大

貓咪的水碗最好選擇大口徑，這樣喝水時鬍鬚才不至於一直碰到碗或被水弄濕，讓牠們討厭喝水。換句話說，就是避免貓咪產生「鬍鬚壓力」。鬍鬚對貓咪來說是敏感的感知器官，用來蒐集空間大小、氣壓變化等環境情報，如果一直受刺激，貓咪可能因此做出異常行為，像是用前爪沾水來喝、在餐具前坐立不安，或是已經餓了卻不吃飯。如果沒有健康問題，卻持續做出這些行為，建議更換餐具試試看。

水碗放得比食物碗低也沒關係，但不要低到貓咪不方便飲用，這樣容易嗆到。建議先擺設各種高度試試看，以此瞭解貓咪的習慣。

準備多個水碗

貓咪喜歡新鮮的水，不喜歡喝放太久的水。此外，因為貓咪喝水時食物碎屑或毛髮可能掉進水碗裡，汙染了水質，所以建議在各處多放幾個水碗並經常換水。水碗跟食物碗、貓砂盆最好都保持一點距離。

可以用飲水機取代水碗

貓咪喜歡流動的水，因此市面上有許多貓咪專用的飲水機。飲水機的優點是在讓水循環的同時，可以過濾一定程度的雜質，所以能一直提供乾淨的水。不過若沒有時常清洗，

咕嚕咕嚕

很容易滋長細菌，而且機器發出的噪音也可能帶給貓咪壓力，所以建議依照貓咪的狀況來使用。此外，就算準備了貓用飲水機，也要同時準備水碗，避免斷電等突發狀況。

 **BEMYPET Tip**

檢視貓咪的一日飲水量

如果貓咪只吃乾飼料，那麼每公斤體重需喝 40～50 毫升的水。貓咪的平均體重為 4～5 公斤，所以建議一天喝超過 250 毫升的水。測量飲水量的方式很簡單，可以在裝水時先裝在有刻度的容器，再倒進貓咪的水碗中，這樣便能確認水量。

貓咪個性獨立、難以訓練，也不太聽話，所以人們總是認為貓咪記性很差。事實上，貓咪的記性非常好，當然認得出自己的飼主，而且只會對喜愛的人做出磨蹭或是舔拭的舉動。那麼，貓咪是怎麼認人的呢？

✦ 貓咪辨識貓奴的方法

說話聲與腳步聲

貓咪能夠察覺極微小的聲音差異，甚至細到一個音階 1/10 的差別也聽得出來，連一百公尺外的聲音都能聽見，所以貓咪可以透過貓奴的說話聲認出貓奴。此外，牠們也會透過腳步聲來辨識人類。很多人應該都有過這種經驗，在我們進屋前，貓咪早已在門口等待。

味道

貓咪的嗅覺比人類的嗅覺敏銳十萬倍以上。貓咪是透過敏銳嗅覺來感知環境，並在許多的味道中察覺出貓奴的味道。

臉

貓咪是先透過聲音和味道來認人，最後才看臉確認。雖然貓咪的夜間視力和動態視力比人類好，但卻有嚴重的大近視，只能看到六公尺以內的物體、無法分辨輪廓，不過還是能依照整體的感覺和樣貌辨識不同。

✦ 認不出貓奴的時候

接下來，我們也同步來瞭解，貓咪在什麼情況下會認不出貓奴吧！

語調改變

貓咪記得貓奴的聲音、音調、語氣，所以如果貓奴的聲音改變，例如感冒聲音沙啞或說話音調不同以往，也有可能突然認不出來。

身上有陌生的味道

如果貓奴身上突然出現沒聞過的味道，貓咪有所戒備是正常的。尤其如果在外面摸了其他貓咪，更會讓牠的警戒心全面啟動。

外表上的改變

如果突然換髮型、戴面具等，導致外貌變得不同，貓咪也可能認不出貓奴。常常聽說有人為了當兵剪掉頭髮，結果貓咪也跟著認不出貓奴。

吵鬧的腳步聲

如果發出不同以往的腳步聲，例如在家裡快跑或是走路很大聲，也可能讓貓咪認不出貓奴。而且當貓咪聽到有這樣的腳步聲朝家裡而來，貓咪可能會變得很緊張。

✦ 貓咪會忘記貓奴嗎？

曾經聽說有人跟貓咪分開兩三年後，貓咪完全忘記自己。關於這方面似乎沒有正式研究，因為我也曾聽過有人跟貓咪分居十年後，貓咪還是認出自己。當我們因為讀書、留學等原因而跟貓咪長時間分居後，與其說被貓咪忘記，不如說貓咪覺得很陌生。因此，重逢後不要急著接觸，慢慢縮短距離吧！也可以利用牠喜歡的玩具和零食來讓彼此再次親近。

PART 3

嗶！充滿危機的生活，
會讓貓咪變得憂鬱

貓咪與新室友的相處之道

哼！

　　同時飼養多隻寵物，常常造成許多貓奴的困擾。貓咪就像人類一樣，個性皆不同，有些貓咪可以立刻適應多一隻寵物的生活，但大部分的貓只感受到壓力。因為從前在野外時，貓咪一直是獨自生活，這使得牠們的警戒心很強。事實上，幼貓在出生兩個月後，會經過三到六個月的時間來學習獨立，因此就算成功跟其他寵物同居，還是要為牠們保留獨立空間。

🐾 為什麼多養一隻寵物這麼辛苦？

貓咪會把新來的動物視為入侵自己領域的外來者，也認為對方是來搶奪貓奴的，所以如果太過關心新來的寵物，可能會讓貓咪產生嫉妒心態，更戒備、敵視新寵物，與貓奴的關係逐漸惡化。這麼說來，該怎麼做才能降低貓咪與其他寵物合住的壓力呢？

🐾 貓咪與其他寵物合住時的減壓方式

第一階段：先不碰面，從味道開始適應

帶新寵物回家時，一定要在空間上與既有的貓咪做出區隔。這個時候，請不要讓牠們看見對方，並留意自己的行為要跟平常一樣，以此降低貓咪的警戒心。之後再讓牠們輪流使用沾附彼此味道的毛毯或玩具，先習慣對方的味道。

第二階段：隔著護欄打招呼

當彼此習慣味道後，稍微用護欄阻隔，讓牠們隔著護欄看見對方的臉，先簡短打招呼後再慢慢增加互動。這時主人

要站在既有貓咪那側，同時觀察牠的反應。如果貓咪變得兇狠或有攻擊性，就再回到第一階段，隔絕兩隻寵物。

第三階段：隔著護欄吃飯

如果已經習慣隔著護欄看到對方，就可以進一步在護欄附近擺放零食或飼料。一起同住時，最重要的是對彼此有好印象，邊看對方邊吃美味的零食，某種程度上可以降低警戒心。這時必須先把零食或飼料給既有的貓咪。

第四階段：嘗試打開護欄

如果順利進行到第三階段，接下來就可以打開護欄了。建議不要一次全開，先觀察牠們的狀態再慢慢打開。耐心等待貓咪好奇靠近而

自然接觸，請保持一點距離觀察，也要仔細注意貓咪是否出現攻擊徵兆，例如變得兇狠、耳朵往後折、身體僵直等等。

第五階段：實際適應

就算成功接觸也不能掉以輕心，仍需要適應共同的生活。這時最重要的就是顧好各自的領域，如果兩隻都是貓

咪，請讓牠們使用各自的貓砂盆、餐碗、水碗，尤其貓砂盆要比貓的數量再多一個（如果有兩隻貓，就需要三個貓砂盆）。最好能讓牠們有各自可以躲藏的貓屋、貓跳台等空間。如果一段時間過後順利適應，就會看到牠們在同張床上靠在一起睡覺了。

🐾 寵物同居的注意事項

寵物同居時，最重要的是因應不同階段做好準備，同時保持從容的態度。一開始一定要分開，牠們絕對需要各自的空間。由於無法預測突發狀況，所以這時期必須盡可能多在家裡陪伴牠們，減少獨處的時間。想要順利讓寵物合住，耐心占了一大半的關鍵因素，請慢慢推展同居的進度。

BEMYPET Tip

務必以既有的貓咪為優先！
同居成功的關鍵在於「現有貓咪能接受到什麼程度」，所以在接第二隻寵物回家之前，一定要先考慮貓咪的個性。如果貓咪平常已經敏感、易驚嚇，一遇到外部刺激就過度激動，那更需要慎重考慮。絕對不能有「牠比較小，應該要讓牠」的心態，在人類家庭當中，如果父母這樣要求老大，老大也會有剝奪感，貓咪更是如此，萬一沒有處理好，會造成既有的貓咪嫉妒，彼此之間更容易吵架，也會延長抗拒同居的時間。不過，除非是強烈攻擊，否則建議人類不要主動介入。

懶懶的貓咪也有倦怠感？

三色，好玩嗎？

好無聊……

　　貓咪擁有強烈好奇心，喜歡惡作劇，而且智商很高，所以在日常生活中需要一定程度的刺激。儘管貓咪很討厭改變環境，但生活過於單調時也是會倦怠。

　　貓咪一旦倦怠，就連平常喜歡的玩具也不屑一顧，還有可能隨地小便、暴飲暴食，或是做出攻擊性的行為。如果吃膩了飼料也會討厭吃東西，吃不完的次數變得頻繁。根據以上情形，萬一倦怠期持續過久，也可能惡化成憂鬱症。

🐾 貓咪的倦怠期

幼貓會不停地到處跑跳，對於極小的動作也很激動，然後在長大至一歲之後活動力下降，變得沉穩。這是從幼貓進展到成貓階段的自然現象，不需要太擔心。

不過，如果貓咪不只活動力降低，還變得比平常更沒有活力，甚至聽到貓奴呼喚也完全沒有回應，那便要特別注意。如果沒有健康方面的疑慮，可以將這些情形視為「正經歷倦怠期」的訊號。為什麼貓咪會有倦怠感呢？我們一起來瞭解原因和應對方法吧！

🐾 貓倦怠的原因與應對方法

玩膩本來的玩具

每當看到新玩具時，一想像貓咪開心的樣子，就算錢包變薄也立刻買下去！但有時貓咪卻對玩具毫無反應，或是玩沒幾天就興趣缺缺。

如果貓咪對原本喜歡的玩具失去興趣，或是很快對新玩具厭煩，有可能是因為新舊玩具的類型相似，尤其是不會依

照貓咪反應改變動作的電動型玩具，貓咪很容易玩膩。建議大家可以購買不同類型、會發出聲音的玩具，或是在和貓咪玩時適時改變玩法。

當然，也有可能只是那個玩具不討貓咪歡心，建議多嘗試不同種類的玩具，才能瞭解貓咪的喜好。順帶一提，如果想要用雷射筆和貓咪玩，必須注意安全性，因為貓咪視力很差。此外，雷射光無法直接捕捉，這點會讓有些貓咪誤以為狩獵失敗而挫折，可以在玩完後以零食獎勵貓咪。

厭倦平常的玩法

如果平常都在地上陪貓咪玩，可以改將玩具放在牆壁或家具上，或是透過棉被、紙張、塑膠袋等物品，刺激貓咪的狩獵本能。把玩具藏在棉被下或箱子裡發出聲音，也能有效提升貓咪的興趣。

玩的時候不要發出固定聲音，試著有強有弱地改變節奏，從「答！答！」慢慢敲擊，到快速的「答答答！」，依照貓咪的舉動來調整聲音和動作強弱。如果貓咪的瞳孔呈現圓形變大，就代表牠很感興趣；臀部左右搖擺也是立刻要進攻的訊號。

生活用品也可以變成玩具，瓶蓋、塑膠袋、報紙這類物

品都是貓咪的心頭好。可以把瓶蓋滾向貓咪讓牠踢；搓揉報紙或塑膠袋發出聲音吸引貓咪的好奇心。此外，貓咪也喜歡躲在塑膠袋裡面玩耍，不過要小心塑膠袋的提把勒住貓咪的脖子，先剪掉比較安全。

吃膩或食物異常

在貓咪的感官當中，雖然最遲鈍的是味覺，但牠們的嗅覺能力很發達，所以可以透過味道分辨食物的好壞。正因如此，當貓咪對平常吃的食物不屑一顧時，可以從刺激牠的嗅覺著手。如果沒有健康問題，那麼貓咪對食物感到厭煩的原因可能以下幾種：

- 飼料氧化，香氣減弱。
- 吃膩同樣的食物味道。
- 飼料受潮，或是散發貓咪討厭的味道。

如果貓咪對食物興致缺缺，第一步先檢查飼料的保鮮狀況。飼料可能因為氧化而香味變淡，因此保存時要盡量避免接觸空氣，並放在紫外線無法穿透的陰涼乾燥處。

如果是因為特定原因必須更換飼料，例如更換處方飼

料、控制體重、調整飲食習慣、過敏等，可以嘗試把柴魚片等香氣重的零食撒在飼料上，促進貓咪食慾。不過如果貓咪正處於生病而在調整飲食的狀況，請務必先詢問過獸醫後再餵食。

生活太過單調無聊

如果已經改變玩具、換了飼料、用零食加菜，貓咪的活動力還是很委靡，那可能代表貓咪對日常生活感到倦怠，可能的原因如下：

- 家中沒有貓咪可以跳躍的垂直空間。
- 貓跳台的位置不對。

貓咪喜歡在高處觀察四周，所以如果家中沒有垂直空間，貓咪很容易無聊。建議在家裡裝設貓跳台、貓爬架、貓樓梯、貓吊床等裝置，增加可以上下活動的地方。另外，剛設置好時不要勉強貓咪上去，因為貓咪需要時間適應，建議先在周圍撒些貓薄荷，或在附近餵牠吃零食，讓貓咪自然適應後主動上去。

如果已經設置貓跳台，貓咪仍不太常使用，可以試著幫貓跳台換個位置。前面有提到，陽光透進來的窗邊是最棒的地點，因為貓咪喜歡日光浴，也喜歡觀賞窗外的風景。

🐾 貓咪是倦怠還是生病？

貓咪無精打采可能是倦怠，但也可能是生病，該怎麼區分呢？貓咪就算不舒服也不太表現出來，很難光從行為判斷是否生病或受傷，所以要仔細觀察貓咪的飲食量、排便狀態、是否嘔吐、被觸碰時有沒有疼痛表情等。如果牠看到最喜歡的零食也沒有反應，最好立刻去看醫生。越瞭解自家貓咪的生活習慣，越能夠在日常中即時發現異樣。

BEMYPET Tip

面對貓咪倦怠期的態度

持續處於倦怠的狀態，會讓貓咪的壓力越來越大，嚴重一點甚至導致憂鬱症，但這種時候如果急著改善而冒然改變環境，反而會帶給貓咪更大的壓力。建議在不改變現有環境的情況下，在日常生活中提供貓咪新的刺激。

貓咪的「特大號」困擾

圓滾滾　　　　圓滾滾

　　貓咪即使胖嘟嘟的也非常可愛、討人喜愛，這也導致人們經常忽視貓咪的肥胖問題。但不可否認的是，過胖的確是造成許多貓咪疾病的主因，包含糖尿病、心臟疾病、脂肪肝、關節炎、下泌尿道症候群等。

　　根據美國寵物肥胖預防協會（Association for Pet Obesity Prevention）的資料，美國貓咪的肥胖率很高，約有六成的貓過重。一般來說，體重正常的貓咪壽命是 15～20 年，而肥胖貓咪的壽命明顯縮短了 5～10 年，所以必須特別注意。

🐾 我家貓咪算胖嗎？

貓咪的肥胖程度難以靠體重判斷，因為要考慮體格、骨骼、品種特性、年紀、健康狀態等多種變數。一般是透過世界獸醫協會提出的「身體狀況評分法（Body Condition Score，簡稱 BCS）」，以肉眼和觸覺來檢視貓咪的肥胖度。

🐾 貓咪的理想身材

以 BCS 分數的基準（請參考下頁的表三）來說，最理想的貓咪身材是 5 分，這會比我們預想的適當身材還要更瘦小。大部分家貓因為運動量不足，很多都超過 5 分，如果 BCS 超過 9 分就是嚴重肥胖，建議可與獸醫師討論，擬定貓咪減肥計畫。無論如何，預防肥胖還是比減肥容易得多，建議在生活中盡量避開造成貓咪肥胖的原因。

· **表三　貓咪的「身體狀況評分法（BCS）」**

分數	貓咪體型	貓咪狀態
1分		- 肉眼可以看見明顯的肋骨、脊椎、骨盆，幾乎沒有什麼脂肪。 - 肚子完全沒有贅肉，非常修長。
3分		- 有極少量的脂肪，能清楚看到肋骨、脊椎，且能輕易摸到骨頭。 - 腰線明顯，有極少量的腹部脂肪。
5分		- 雖然肉眼看不太到骨頭，但用手摸得到脊椎和肋骨。 - 肚子有適當的脂肪，特徵是腰線看起來很瘦。
7分		- 身體被厚厚的脂肪覆蓋，幾乎看不到骨頭，也摸不太到肋骨。 - 每次走動時，脂肪都會垂下來，看起來搖搖晃晃的。
9分		- 厚厚的脂肪層包覆腰部，無法以肉眼看到脊椎和肋骨，也摸不到。 - 腰部因脂肪而突出。

 **貓咪肥胖的原因**

運動不足

造成家貓肥胖的最大原因就是運動不足，因為家貓跟野貓不同，活動需求少，難以達到需要的運動量，如果又不常陪貓咪玩逗貓棒，那麼運動量勢必更少。運動不僅有助於預防肥胖，也是紓壓的方式，能為貓咪的生活注入活力。如果貓咪不太好動，就要多利用玩具、貓跳台、貓咪滾輪等工具，或是會自動掉飼料出來的玩具，引導貓咪充分活動。

暴飲暴食

菜鳥貓奴最常犯的錯誤，就是不知道貓咪一天所需的「適當熱量」。貓咪的飲食量不僅與飼料、零食的吃法有關，還要考慮年紀、活動量、體重等因素。若隨時準備充足的飼料讓貓咪自由進食，貓咪變胖的機率自然高很多。尤其是食慾旺盛的貓咪，更需要固定用餐時間和次數，進行體態管理。飼主必須長時間外出時，則建議以自動餵食器調整飲食量。

結紮或老化

貓咪做過結紮手術後，因為體內激素的平衡受到影響，會導致基礎代謝量降低，就算吃等量的食物還是有可能變胖。基礎代謝量是貓咪為了維持生命所需的最低熱量，建議做過結紮手術後的貓咪，飲食量要比之前少三成左右。

此外，隨著貓咪的年紀增加，活動量和基礎代謝量也會自然降低，提高變胖的機率。因此從七歲起，就要避免熱量過高的食物，並挑選符合年紀的飼料。

🐾 貓咪的每日建議熱量

只要知道的貓咪體重，就能夠簡單算出一天建議攝取的熱量，判斷可以餵多少食物。計算時除了考慮體重，還要考慮年紀、活動量、是否結紮等各種因素。在計算每日建議熱量之前，我們要先瞭解貓咪的基礎代謝量。

- 基礎代謝量＝30×貓咪體重（公斤）＋70
- 每日建議攝取熱量＝基礎代謝量×加權值
- * 請參考「表四」的加權值。

以一隻5公斤結過紮的成貓為例，列出下列算式。

- 基礎代謝量＝30×5kg＋70＝220kcal
- 每日建議攝取熱量＝220kcal×1.2＝264kcal

· **表四 貓咪每日建議熱量加權值**

貓咪年紀	加權值
4 個月以下	3.0
4 至 6 個月	2.5
7 至 12 個月	2.0
結紮成貓	1.2
一般成貓	1.4
運動量大的成貓	1.6
高齡貓	0.7
肥胖貓	0.8

　　依據表格算出 5 公斤成貓一天所需熱量是 264 大卡後，就可以用飼料的熱量算出該吃多少。零食建議不要超過一天所需熱量的 10%，以 5 公斤的貓來說，26.4 大卡來自於零食，其餘 237.6 大卡則來自飼料。請以這個方式計算並調整貓咪的飲食。

BEMYPET Tip

貓咪的減肥餐吃法
請利用基礎代謝量乘以「表四」的肥胖貓加權值「0.8」，再按照計算結果調整。減肥餐可以分三到五次提供，或換成低卡減肥飼料、減少零食，當貓咪 BCS 分數達到 5 分時，就要停止減肥。不過，有些貓咪的健康狀態可能需要更多熱量，減肥前建議先跟獸醫師討論。

貓咪的無壓力刷牙法

喵！不……不要再刷了！

好乖喔！很棒哦！

　　貓咪超過三歲後，牙齒很容易有問題，幾乎八成以上都會罹患牙科疾病。前面提過，貓咪的最常見疾病之一就是口炎，一旦罹患這種疾病，口腔便會痛到無法吃下飼料，甚至引發脫水、脂肪肝等問題。此外，我們也不想每次在被貓咪舔拭時，都要忍受令人昏厥的口臭。

　　人類跟貓咪刷牙的概念不一樣。人類沒有好好刷牙就會蛀牙，但貓咪的牙結石比蛀牙更嚴重，所以幫貓咪刷牙的重點，在於清除造成牙結石的「牙菌斑」。貓咪的牙齒一旦形成牙結石就刷不掉了，所以要透過刷牙來預防。至於已生成的牙結石，則要在動物醫院洗牙清除。

幫貓咪養成刷牙習慣

第一階段：讓貓咪習慣被碰臉

對貓咪來說，臉是最致命的弱點。如果貓咪戒心很高，光是把手靠近，牠就會厭惡地跑走，所以必須讓貓咪先習慣被你觸摸嘴巴周圍。請在撫摸貓咪時，摸摸牠嘴巴周圍，可以在撐開嘴巴後立刻餵零食，以此降低貓咪的戒備。

第二階段：熟悉牙膏的味道

把牙膏擠在手指上，湊到貓咪嘴巴附近。如果貓咪好奇聞過味道後，伸出舌頭舔拭，就代表成功了一半。大部分寵物牙膏都會避免寵物抗拒而推出零食口味，請多多利用各種產品，找出貓咪的喜好。

第三階段：輕輕擦拭牙齒

當貓咪習慣牙膏的味道，也習慣嘴巴周圍被碰觸，接下來就可以試著用紗布或手帕包住手指沾取牙膏，輕輕摩擦牙齒。此時如果貓咪有抗拒反應，就要回到輕碰的階段，讓貓咪慢慢習慣。

第四階段：適應牙刷

建議選擇刷頭較小、刷毛較軟的牙刷。如果刷頭太大會很難刷到臼齒；如果刷毛太硬，則可能傷害到牙齦。在刷牙時，請不要直接將牙刷塞貓咪的嘴巴，而是在牙刷沾點牙膏後，像在逗貓一樣先陪牠玩耍，等貓咪習慣後，再用牙刷輕碰牠嘴巴周圍，並慢慢往內刷。

刷牙的習慣需要耐心養成

訓練貓咪刷牙至少要一個月以上，請拿出耐心慢慢進行。雖然每天刷一次以上是最理想的頻率，但太困難的話，以每週刷二至三次為目標來訓練就可以了。光是把牙膏塗在牙齦和牙齒上，也比完全不刷牙好多了。如果貓咪非常抗拒牙刷，也可以用紗布來幫忙清潔。

BEMYPET Tip

幼貓也需要刷牙嗎？
「反正幼貓的乳牙早晚會掉，應該沒關係吧？」千萬不要抱持這種心態。讓貓咪習慣刷牙需要許多耐心和時間，所以從貓咪還小、會像海綿一樣快速接受周遭刺激的時候就開始訓練，會比長大後容易得多。

人類的美食是貓的毒藥

　　人類在吃飯時，有些貓咪只會過來聞聞味道，不怎麼感興趣；但也有些貓咪會跑到餐桌上，繞著食物打轉喵喵叫。這種時候，要是覺得「貓吃這個沒關係吧？」就餵食貓咪，反而害了牠。此外，也要注意不讓貓咪吃下不小心掉在地上的食物。接下來，我們來瞭解哪些食物「絕對不能給貓咪吃」吧！

🐾 貓咪的食物大忌

巧克力

巧克力含有可可鹼，會引起貓咪中毒。可可鹼是巧克力原料中「可可」的主要成分，此成分會刺激中樞神經。貓咪每公斤體重若攝取超過 20 毫克的可可鹼，不僅會造成中毒，甚至可能導致死亡。

葡萄

雖然科學還無法證實是葡萄中的哪個成分引起貓咪的中毒症狀，但貓咪在攝取葡萄後容易出現嘔吐、急性腎衰竭、肝功能受損等嚴重症狀，甚至還可能導致死亡。葡萄乾、葡萄酒、葡萄汁等所有葡萄製品都不宜食用，請多加留意。

咖啡因飲料

貓咪對咖啡因的反應比人類更敏感，可能會因誤食咖啡之類的含咖啡因飲料而中毒。在攝取過量時出現嘔吐、發燒、高血壓、癲癇等症狀，甚至也有致命的可能。

洋蔥等辛香料

洋蔥含有二烯丙基二硫（Allyl Propyl Disulfide），這個成分會破壞貓咪的紅血球，引發中毒症狀。大蔥、韭菜、蒜頭裡也有此成分，只是有含量上的差異，對貓咪來說都是需要特別小心的食物。

洋蔥中毒症狀
- 活動量降低、無精打采。
- 食慾減退。
- 高燒。
- 牙齦變得蒼白。
- 小便呈深紅色。

牛奶

一想到貓咪，就會浮現貓咪舔牛奶的情景。其實大部分的貓和狗一樣，無法消化牛奶中的乳糖成分，喝牛奶會讓牠們腹瀉或嘔吐。救助幼貓時不能餵食牛奶也是這個原因，若要餵食，選擇貓咪專用的牛奶，或是乳糖成分較少的產品。

生肉和生魚

貓抓老鼠或魚來吃聽起來很正常，但實際上，貓咪並不適合直接食用捕來的獵物，很容易被生肉或生魚上的病毒及寄生蟲感染。要是想餵貓咪吃肉或海鮮，可以選擇脂肪含量較低的部位，且記得不要調味、清水燙熟即可，並建議不要當成主食，當零食少量吃就好。

除了上述以外，還有許多食物對貓咪來說相當危險，所以盡可能避免餵貓咪吃人類的食物。如果真的很想給予，也要先確認貓咪能不能吃，然後少量當作零食餵食即可。

🐾 如何對應貓咪的討食攻勢？

　　一般來說，家貓對於大部分的人類食物不太感興趣，但有些吃過人類食物的貓咪還是會不斷爬上餐桌討食。那麼，當貓咪非常想吃人類的食物時，該怎麼處理呢？

預留餐桌的觀景席

喵～
好好吃喔！

　　一家人在餐桌上鬧哄哄的開心畫面會吸引貓咪注意。與其說是貓咪想吃東西，不如說是好奇餐桌上有什麼。遇到這種狀況時，不妨為貓咪準備可以一覽餐桌的位置，讓牠不用跳到餐桌上也能夠觀察家人的狀況。

先填飽貓咪的胃

貓跟人一樣，肚子餓時特別容易被食物的香味吸引，所以建議在用餐前先餵貓咪，或是跟貓咪在同樣的時間一起吃飯。貓咪在已經吃飽的狀態下，對食物的注意力也會降低。

不畏視線堅守立場

很多人會因為貓咪不斷要求食物，或是盯著食物看而心軟，可是一旦忍不住餵食，貓咪就會持續糾纏，因此「堅持忽視」也是一個方法。就算是貓咪可以吃的食物，也盡量不要在吃飯時餵牠。

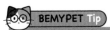

BEMYPET Tip

貓咪的 OK&NG 水果

貓咪除了飼料和零食，還可以吃少量的水果，但一定要去掉容易造成貓咪不適的果核和果皮，只留下果肉並切成小塊狀。以下列出幾種貓咪可以吃和不能吃的水果：

· 貓咪可以吃的 OK 水果：蘋果、草莓、西瓜、水蜜桃、藍莓、柿子
· 貓咪不能吃的 NG 水果：葡萄、芒果、無花果、加工水果

貓咪討厭的大魔王：洗澡

　　家貓很少出門，不需要太常洗澡，再加上牠們清醒時有一半以上的時間都在舔毛、整理身體，算是非常乾淨的動物，那麼貓咪在什麼時候才需要洗澡呢？因為大部分貓咪都很討厭水，我們又該如何幫貓咪洗澡呢？

必須洗澡的非常時期

如果沒有特別的異狀，其實不需要勉強貓咪洗澡，徒增牠的壓力。以短毛貓來說，有些貓一兩年洗一次澡，甚至也有貓一輩子不洗澡。不過，當發生以下狀況時，就不得不幫牠洗個澡了。

身上有蟲或是罹患皮膚病

剛領養回來的貓咪身上很可能有跳蚤、蝨子之類的蟲，或是皮膚病，這時就需要按照獸醫的診斷開立處方藥或是以藥水洗澡。尤其是流浪貓，牠們身上多半沾有異物，建議在帶回家之前先徹底洗乾淨。

沾染到不乾淨的異物

當貓咪沾到人類的化妝品、香水、食物、油脂、清潔劑等異物時，請幫牠洗乾淨。因為貓咪可能會在舔毛時吃到毛髮上的異物，進而導致中毒，也有可能造成皮膚發炎。

換毛期

就算不是長毛貓，也建議在換毛期洗澡，幫貓咪去除已脫落的毛髮。萬一貓咪在舔毛時吞下過多毛髮，可能會在腸胃打結，而且雖然貓咪能夠吐出毛髮，但頻繁的嘔吐也會對牠們的食道造成傷害。

難以忍耐的口臭

貓咪因為口炎或其他口腔疾病而出現嚴重口臭時，可能會在舔毛的過程中，讓口臭擴散到全身，這種時候除了治療外，還要幫貓咪洗澡。如果貓咪身上散發出不同以往的濃濃異味，有可能是疾病的前兆，請帶貓咪到醫院檢查。

毛髮長的長毛貓

長毛貓比短毛貓的毛更長、更濃密，所以需要更常梳毛、洗澡。如果放任不管，脫落的毛可能就會打結或引發皮膚炎，演變成疾病的狀況。

🐾 幫貓咪洗澡的方法

在幫貓咪洗澡前，要先準
備梳子、專用沐浴乳、吸水力好
的毛巾。沐浴乳一定要使用貓咪
專用的產品，因為人類的沐浴乳
對貓咪來說太刺激，可能引起皮
膚、毛髮發炎或其他問題。

第一階段：做好洗澡前的準備

毛髮濕掉後容易糾結成團，所以請在洗澡前先幫貓咪梳
毛。除了避免打結，也有助於徹底洗淨毛髮裡的皮膚。如果
貓咪討厭洗澡，建議在洗澡前先剪指甲，這樣對人類來說比
較安全。

第二階段：提高浴室的溫度

貓咪討厭洗澡的其中一個原因是體溫下降，所以建議先
打開熱水，讓地板磁磚和浴室空氣變得溫暖。尤其冬天洗澡
時體溫更容易急速下降，必須特別注意。

第三階段：從身體後半段開始弄濕

洗澡時要先把貓咪的身體浸濕。如果貓咪害怕從蓮蓬頭噴出來的水，那就用臉盆接水。用臉盆接水時，為了避免大量的水刺激貓咪皮膚，水溫大約在 35～36℃左右；用蓮蓬頭淋浴的話，則建議接近人類體溫的 36～37℃，並注意水勢強弱。先從離頭部較遠的臀部開始沖洗，再慢慢往前沖濕整個身體，可以減緩貓咪的恐懼。

第四階段：輕抹貓咪專用沐浴乳

取適量的貓咪專用沐浴乳於手心，充分搓出泡沫後再清洗。請注意不要用指甲刮傷貓咪或是太大力搓揉貓咪身體，用手指輕輕擦拭即可。為了避免水流到貓咪的眼睛、耳朵和鼻子等處，這些部分稍微擦過就可以了。抹完沐浴乳後，一定要確實沖洗乾淨，避免殘餘的沐浴乳留在貓咪身上，牠們可能會在舔毛時吃到。

第五階段：用毛巾和吹風機弄乾

建議盡可能在浴室裡用毛巾擦乾水分，以減少貓咪在使用吹風機時所產生的壓力。吹風機請用低溫且弱速的風，並從離頭最遠的腰部開始吹，也可以搭配暖氣加快吹乾的速度。此外，也建議在走出浴室前，先讓室內溫度升得比平常更高。

如果貓咪極度抗拒洗澡，可以試試以下方法：

· 僅用濕毛巾擦拭身體。

· 沐浴乳只清洗髒掉的部分。

· 使用貓咪專用的乾洗髮。

· 使用清潔貓咪身體的濕紙巾。

 **BEMYPET Tip**

請配合貓咪挑選沐浴乳

貓咪討厭洗澡的其中一個原因就是沐浴乳的味道。貓咪的嗅覺非常敏銳，太強烈的香味會帶給牠們壓力。儘管人類覺得味道好聞，但貓咪並不喜歡，所以建議選擇香氣淡或無香的產品。另外，也可以嘗試看看貓咪喜歡的「貓薄荷味沐浴乳」。

貓咪的可愛不用靠打扮

我有自己喜歡的風格！

　　每當看到貓咪掛著漂亮項圈或穿著可愛衣服的照片，就會忍不住想「我家貓咪這樣穿一定也超可愛！」但實際讓貓咪穿上後，只會獲得一臉厭惡的表情，或是動作變得尷尬、遲鈍，好像在無言控訴「把這些衣服拿開！」雖然裝扮讓貓咪看起來更可愛，但這樣的行為卻也帶給牠們很大的壓力，讓我們來看看哪些衣物會被列入貓咪的厭惡清單。

貓咪討厭的裝飾品和衣服

發出聲音的項圈

多數項圈附有鈴鐺，目的在於告知主人貓咪的位置，但有些貓咪會因為鈴鐺聲而產生壓力。試著想想，如果移動時一直發出聲音，我們也會非常痛苦吧！再加上貓咪的聽覺非常敏銳，每天不斷傳來鈴鐺的聲響，對牠們來說很煎熬。

太重或太大的飾品

重量太重或體積太大的裝飾品，會讓貓咪的身體變得沉重，對脖子和肩膀肌肉帶來負擔。此外，貓咪經常四處跳躍或突然用力快跑，萬一裝飾品卡到附近物品，也可能因此發生意外。

堅硬粗糙的材質

貓咪身上的毛髮能夠阻擋外部刺激，但貓咪的皮膚也比人類更脆弱，因此需要長時間配戴在身上，持續接觸皮膚的物品，建議不要選

擇堅硬粗糙的材質。此外，貓咪一旦覺得皮膚不舒服，就會反覆舔拭同個部位，引發皮膚發炎或掉毛的問題。

特殊造型的衣物

基本上，所有衣服對貓咪來說都是壓力來源，因為貓咪穿上衣服後就無法「舔毛」。對貓咪來說，舔毛不只是整理毛髮，還具有調解體溫、紓解壓力等多種安定效果。

幫貓咪穿上衣物時的注意事項

有時候不得不讓貓咪穿上衣物或戴上配件，例如避免貓咪舔拭傷口，讓貓咪穿上「防舔衣」，或是在外出時戴上預防走丟的「防走失項圈」等。遇到這種狀況時，請先檢視以下清單。

CHECK 貓咪穿戴衣物前的確認清單

☐ 檢查衣服或裝飾品會不會勾到四周的物品。

☐ 選擇施加力量就會自動鬆脫的安全扣環。

☐ 配戴項圈時，要確保項圈與嘴巴間距約 1~2 隻手指，讓貓
　 咪舔毛時不會卡住。

☐ 注意飾品上的線或蝴蝶結，避免被貓咪咬斷後吞入。

☐ 防舔衣是否合身。

☐ 造型衣服或帽子只能短時間穿戴。

BEMYPET Tip

以植入晶片取代防走失項圈！
在貓咪體內植入無線識別裝置，能夠有效預防貓咪失蹤。不用擔心晶
片傷害到貓咪，實際上的晶片大約只有米粒大小，植入時幾乎沒有疼
痛感，而且發炎或副作用出現的風險大約是 0.01%。比起配戴項圈讓
貓咪整天不自在，植入晶片更有效且舒適得多。

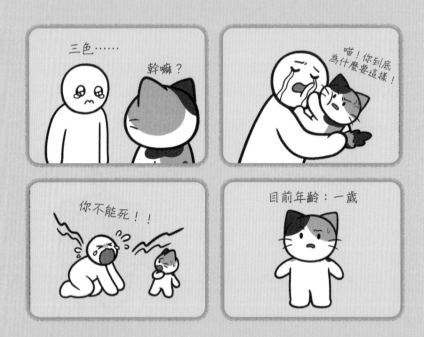

因為飼料與醫療技術的發展，貓咪的壽命已經比過去增長了許多，不過對貓奴來說依然過於短暫。慶幸的是，如果依照貓咪的不同生命週期好好照顧，貓咪也有機會活得更健康長壽。接下來，我們來瞭解一般貓咪的壽命。

✦ 貓咪的平均壽命

貓咪的壽命會取決於性別、品種、生活環境等各種條件，一般來説是 15～20 年。其中，完全生活在室內的家貓平均壽命會比出門遛貓、養在院子的貓咪更長，因為在室內的貓咪接觸到各種病毒、傳染病、寄生蟲、交通意外等風險更低。

✦ 貓咪的生命週期

幼兒期：0～6 個月（人類的 0～10 歲）

此時期的貓咪成長快速，出生一個月起就會逐漸斷奶，兩個月後就能吃乾飼料。這段時期會培養社交能力，所以好奇心很強，時常到處亂碰而弄壞物品。

青春期：7 個月～2 歲（人類的 11～24 歲）

此時期的貓咪體力最旺盛，在家裡各處盡情跑來跑去，而且還衝得飛快，甚至活力充沛到出現攻擊性。為了讓牠們充分活動，可以陪牠玩逗貓棒，或是準備貓滾輪、貓跳台等物品幫助牠們釋放體力。

青年期：3～6 歲（人類的 25～40 歲）

此時期已經是懂事的成貓了。三歲後的貓通常不會對玩具有激烈反應，也容易因為運動量減少而變胖。由於運動量與健康有關，所以建議準備多種玩具來引起貓咪興趣。

壯年期：7～10 歲（人類的 41～56 歲）

此時期的貓咪活動力減退、活力下降，罹患如人類成人病的糖尿病、高血壓、口腔疾病等機率大增，因此建議讓貓咪每年接受一至兩次的健康檢查。

中年期：11～14 歲（人類的 57～72 歲）

此時期會明顯老化，容易罹患腎臟疾病、心臟疾病、甲狀腺疾病等高風險疾病，所以只要狀況稍有異常，建議立刻帶去醫院。進入中年期後的貓咪需改餵高齡貓飼料，並避免高熱量食物。

老年期：15 歲以上（人類的 73 歲以上）

此時期的貓咪身體機能下降，不只是免疫力，連視力、聽力都會減退，所以要把牠們當成是需要照護的長輩。這段時期所承受的壓力會嚴重影響身體狀態，必須更花心思注意和觀察。

貓咪健康長壽的十個方法

貓咪老化後,身體會出現各種變化。以成貓來説,貓咪的睡眠期間是一天 14 個小時,年紀變大後則平均要睡 18 個小時。此外,也可能因為消化機能退步,導致食慾減退、經常嘔吐;身體關節部位變得無力、步伐緩慢;身體會變得難以彎曲,導致舔毛時無法舔拭每個部位。為了使貓咪盡量無病無痛,可以參考以下讓牠們健康長壽的十個方法*:

・完全讓牠們待在室內,打造安全環境。
・保持貓砂盆、餐具等生活用品及環境乾淨。
・提供均衡且適量的飲食。
・提供新鮮且充足的水,預防尿道系統疾病。
・觀察大小便的狀態、分量與次數。
・觀察平常行為,若有異常就迅速處理。
・常常摸貓,以確認貓咪身體狀態。
・幫助貓咪維持正常體重。
・定期接受診療,如健康檢查、接種疫苗等。
・每天陪貓玩逗貓棒,幫牠紓解壓力。

* 出處:國際愛貓協會(International Cat Care)

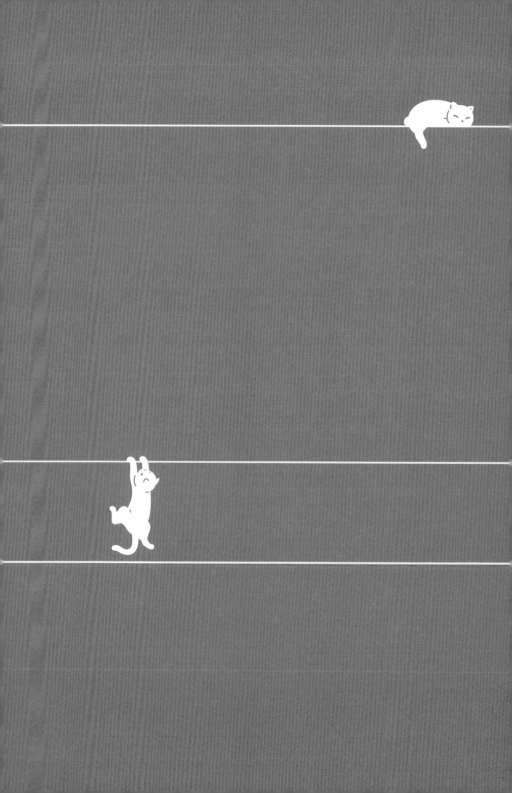

PART 4

嗶！沒有安心的環境，就沒有快樂的貓咪

搬家前先擬好壓力對策

養貓時，許多地方都需要花心思留意，尤其是貓咪的居住空間。貓咪是領域性動物，對於新事物或新環境的防備心很強，尤其遇到搬家這種劇烈的改變，更是需要一段時間才能適應。因此，搬家時必須站在貓咪的角度慎重考慮，想成是貓咪的搬家日，貓咪不僅需要時間適應新家，在搬家前、搬家的過程以及移動時，都要做好周全的準備。

 搬家前的檢視清單

到動物醫院檢視貓咪的狀態

在搬家前首先要做的，就是去動物醫院檢視貓咪的健康狀態。因為搬家對貓咪來說壓力很大，也會造成體力負擔，所以建議在貓咪狀態良好時再搬家，以免貓咪狀況在搬家過程中惡化。

搬家前最好先向原本的動物醫院申請就診紀錄。如果貓咪容易暈車，先請醫生開暈車藥，或是如果貓咪反應較大，也可以在獸醫的診斷下開鎮定劑。此外，很多貓咪的病況會在搬家後急速惡化，所以最好先找好新家附近的 24 小時動物醫院，以備不時之需。在 PART.4〈不是每間醫院都適合貓咪〉中，會仔細說明挑選動物醫院的方法。

CHECK **先到動物醫院檢查身體狀況**

☐ 申請貓咪的就診紀錄。

☐ 若容易暈車，請醫生開暈車藥。

☐ 若反應較激動，請醫生開鎮定劑。

讓貓咪適應外出籠

如果新家距離很遠，必須先訓練貓咪習慣外出籠。在搬家前，請把外出籠自然地放在生活空間，並且保持開啟

狀態，降低貓咪對外出籠的戒心。如果貓咪進入籠內，就給牠零食，讓貓咪留下正面印象，也可以在籠裡放置貓咪喜歡的毛毯和玩具。

漸進式收拾行李

收拾行李也會讓貓咪有壓力，建議少量且分次收拾物品，並把行李都放在同一處。可以的話先預留一間房間，讓貓咪在搬家當天待在裡面，平常也可以先讓貓咪在這房間裡消磨時間。此外，將貓咪平常使用的貓砂盆、餐具、棉被、抱枕等物品先全部收在一處，等到最後再裝箱。在搬家前，

除非是特殊狀況，否則不要換掉貓咪的日用品。

 **搬家當天的確認清單**

讓貓咪待在安全空間

搬家當天會有許多讓貓咪不安的要素，例如陌生人和巨大的聲響，所以建議先與貓咪分開，讓貓咪待在事先準備好的房間裡，並關上門窗。此時，為了避免房內的貓咪站在門口伺機竄出，記得在門上掛著「不要開門」的標示，提醒他人不要隨意開門。如果可以，請待在房間裡陪伴貓咪，持續觀察狀態。

如果沒有能讓貓咪獨處的空間，那就請在搬家當天讓貓咪先在車上等待。這時除了注意不要讓貓咪跑出來，夏天也一定要開好冷氣，調節車內溫度。

一定要陪在貓咪旁邊觀察！
很多貓咪會在搬家當天走丟，或是病情急速惡化而變得非常危急，所以雖然搬家當天會忙得暈頭轉向，還是建議和家人輪流陪伴貓咪，隨時確認牠的健康狀況。

做好準備再長途移動

如果新家需要搭一兩個小時的車才能抵達，就要做好長途移動的準備。請讓貓咪在出發前兩三個小時吃完飼料，倘若貓咪會暈車，就要在出發前四五個小時吃完飼料；水分則建議在出發前一個小時補充完畢。

在上車前，先讓車內空氣流通，盡可能減少食物、芳香劑、菸味等令貓咪不適的味道，並鋪上沾附貓咪或主人體味的毛毯。另外，外出籠內的溫度會比車內更高，所以請維持車內溫度在 20°C 上下的舒適環境。

在開車時，請盡量避免急煞或突然加速，並在上路後每小時休息一下。貓咪坐車時容易感到不安，請跟平常一樣以溫柔的語氣跟牠說話。

新家的貓用品擺設位置

新家屋內的擺設，最好能整理成跟舊家類似，尤其要注意貓砂盆的位置。在全新的環境中，對貓咪來說，最重要的就是貓砂盆，請盡量讓貓砂盆的周圍環境跟舊家類似。

就算貓咪的物品很舊也不要立刻丟棄，在新家使用原本的棉被、床、貓窩等物品，有助於貓咪更快適應，也請貓奴們多陪在貓咪身邊，直到牠穩定下來。

比較敏感的貓咪，可能會對新家感到陌生而突然衝出去，所以門窗上最好裝防護網，如果真的沒辦法安裝，就要留意門窗是否上鎖。

搬家當天多陪伴貓咪

在搬家當天，貓咪可能因為無法適應新家而焦慮不安，所以在整理完重要行李後，請先陪在貓咪身邊。萬一貓咪躲起來，可以躺在貓咪附近，溫柔呼喚牠的名字，並持續確認貓咪的狀態。當貓咪為了觀察周遭情況而稍微探頭時，就給牠零食或飼料，不要勉強牠或是硬是把牠拉出來。此時，貓奴們展現出從容、安定的態度是最重要的。

BEMYPET Tip

舒緩貓咪壓力的「費利威」
如果貓咪在搬家後持續處於壓力狀態，也可以使用「費利威」。費利威有噴霧和芳香劑兩種類型，香味近似貓咪開心時散發出的費洛蒙。雖然每隻貓咪各有不同，但費利威能夠有效安定貓咪的身心。

改善居住空間的壓力點

喵……房間好冷清啊！

咻～

　　想要讓貓咪沒有壓力、達到身心幸福的狀態，最重要的就是「室內空間」，也就是貓咪的生活領域。我們需要考慮貓咪的特性，去建構符合牠們的空間。

　　還記得前面提過的「上下運動」嗎？垂直空間就是能讓貓咪幸福的環境要素之一。在這個章節中，我們會從貓咪的習性，進一步瞭解貓咪適合的空間特性，以及如何改善現有生活環境。

造成貓咪壓力來源的空間

貓砂盆的位置吵雜開放

貓砂盆是貓咪絕對不能被妨礙的空間，所以不要放在人來人往的開放位置，而是要放在安靜的地方。如果經常有人在貓砂盆附近走動，貓咪排便時很難全神貫注，就容易因壓力而導致便祕、隨處撒尿，甚至是演變成膀胱炎或尿道結石等疾病。此外，貓咪從以前在野外生活時，有個本能是「在排便時確保退路」，所以反過來說，把貓砂盆擺在太狹窄、擁擠的地方也不好。

家中只有低矮的家具

請為貓咪準備有高度的空間，因為貓咪喜歡爬到高處觀察環境，並喜歡不受干擾地在高處休息。如果家裡沒有垂直空間，貓咪不只容易肥胖，還會得憂鬱症，所以請準備較高的家具，或是利用貓跳台等製造出垂直空間。

屋內沒有藏身的空間

喜歡躲藏是貓咪的習性。當貓咪白天要睡覺、想休息或害怕不安時，都會躲起來。正因如此，貓咪很喜歡跑進箱

子、紙袋這種四面封閉的地方，所以如果家中沒有能躲起來的空間，貓咪很容易囤積壓力。

因此請準備讓貓咪能夠躲藏的專屬空間，可以買貓咪專用的貓窩或利用箱子等物品，並建議至少讓牠有兩個可以躲藏的地方。

到處充斥濃郁的味道

太濃的味道不只帶給貓咪壓力，也對貓咪的支氣管不好。尤其要特別小心茶樹等精油的使用，萃取自植物的精油對人類沒有害處，但對於沒有相對應代謝功能的貓咪來說，這些植物成分就是毒素，會因為持續堆積在體內而危害到肝臟。即便沒有吸入，也會附著在貓咪的毛髮、皮膚上，在牠們舔毛時吃下，會引發肝指數異常或是腎臟疾病。此外，如果擺放除臭劑，也有可能發生貓咪誤食的意外。

貓咪精油中毒的症狀
- ☐ 突然流眼淚、喊叫，或是眼睛有異物感。
- ☐ 皮膚出現紅疹、搔癢、浮腫等狀況。
- ☐ 嘔吐、腹瀉、隨地小便。
- ☐ 活動力銳減，無精打采。
- ☐ 食慾降低，連平常喜歡的零食都不吃。
- ☐ 體溫過低、發抖、抽筋。
- ☐ 口腔黏膜發炎而流口水。
- ☐ 肝指數急速上升。

室內太熱或太冷

根據文獻記載，貓咪的祖先以前住在沙漠，因此貓咪很怕冷。在冬天要用毛毯、貓窩、暖爐、電熱毯等物品來提高環境溫度，不過電熱毯或暖爐的溫度如果太高，也可能讓貓咪燙傷，這部分請多注意。

雖然相較起來貓咪比較耐熱，但我們還是要維持舒適溫度。尤其夏天如果濕度太高，貓咪舔毛後附著在毛髮上的口水無法蒸發，也會導致貓咪的體溫升高，變得更熱。

貓咪喜愛的生活空間

☐ 足夠的貓砂盆。
☐ 貓砂盆在安靜的地方。
☐ 有好幾處躲藏的空間。
☐ 能利用貓跳台、貓樓梯等做垂直運動。
☐ 能坐在窗邊看外面風景。
☐ 室內溫度順應季節調整。
☐ 沒有可能被打破的物品。
☐ 沒有香水、除臭劑、香菸、香草等強烈味道。
☐ 用餐區、貓砂盆與休息空間完全分離。
☐ 門窗安裝防護網，以確保安全無虞。
☐ 安裝貓門，能自由進出貓奴房間。

BEMYPET Tip

房子裡就是貓咪的全世界

配合貓咪特性來布置屋內環境是很重要的。請記住，除了與貓奴的關係之外，生活空間就是貓咪的全世界，不僅擺設很重要，乾淨也很重要。貓咪喜歡到處爬上爬下，會經常爬到冰箱或層板等高處，所以這些平常不太打掃的地方也要維持整潔。

不是每間醫院都適合貓咪

慎選動物醫院很重要，因為就算沒有重大疾病，貓咪也要定期接種疫苗或接受檢查，而且在貓咪出現異常行為時，也需要向獸醫師諮詢。此外，有些醫院無法診治特定疾病，所以建議至少要有兩間以上的動物醫院名單。

擁有最先進儀器的大型醫院不一定是好醫院，擁有知名獸醫的動物醫院也不一定是好醫院。我們替貓咪選擇醫院時，該考慮的標準是什麼呢？以下一起來瞭解挑選動物醫院的方法吧！

挑選動物醫院的標準

獸醫師與貓咪的交流

選擇適合自己與貓咪的動物醫院時，最關鍵的標準就是獸醫師的信賴度。我們能不能信賴醫生並把貓咪交給他，這點非常重要，因此要確認獸醫照顧貓咪的情況或態度、治療貓咪的經驗、疾病的說明方式等。雖然參考網路評價或是詢問其他人的意見也很好，但還是建議親自到醫院觀察氛圍、簡單諮詢。

確認醫院的診療資訊

每間動物醫院提供的項目都不同，所以最好預先調查醫院的診療範圍、是否有住院設備、夜間急診，發生緊急狀況時是否能轉診等。

CHECK **動物醫院的檢測清單**

☐ 動物醫院的營業時間。

☐ 假日或深夜是否提供急診醫療服務。

☐ 是否有貓咪的診療室與住院籠。

☐ 除了基本檢查項目之外，是否還有其他診療與檢查項目。

☐ 除了親自到醫院之外，是否能以電話或訊息聯繫。

選擇距離近的動物醫院

挑選動物醫院時，距離是非常重要的因素。如果交通時間很長，貓咪在前往看診的路上會承受太多壓力，體力上也吃不消。更關鍵的是，當需要緊急處理時，住家與醫院的距離甚至左右貓咪的性命，所以建議無論是徒步或坐車，最好能在30分鐘內抵達。

看醫生前的準備事項

如果已經選好動物醫院，去醫院之前還需要做一些準備。對於生活在室內的貓咪來說，外出可能會讓牠表現出攻

擊性，所以在看診前，請先熟記以下五件事：

第一，在看醫生之前，事先聯絡院方告知貓咪的狀態。盡量減少貓咪在醫院等待的時間。

第二，帶貓咪去醫院時，一定要使用外出籠。在醫院候診時，為了安全起見，還是要讓貓咪待在外出籠裡。

第三，用你的衣服或平常貓咪使用的毛毯圍住外出籠，盡量不要讓貓咪看到外面，以免因為陌生環境和人而受到驚嚇、變得更緊張。

第四，如果貓咪平常已經非常敏感，那麼最好在去醫院前，事先請醫生開立含有神經鎮定成分的零食，或情緒輔助產品等處方箋。

第五，在醫院時，請讓貓咪單獨待在等候區，盡量不要跟狗和其他動物接觸。

第六，先幫貓咪剪指甲，避免貓咪掙扎時，指甲斷裂或誤傷人。

BEMYPET Tip

如果貓咪從醫院回來後，變得無精打采
貓咪受到強烈壓力後，可能會表現出憂鬱的症狀，例如躲起來、沒有食慾等。這種時候最好不要勉強、刺激牠，靜靜等牠自己鎮定下來。一段時間過去後，貓咪會自己消化。

漂亮花草中的致命危機

喵！救救我～

　　養貓的其中一個煩惱就是，很難在家裡種植物。因為有些貓咪很喜歡吃葉子，這使得家裡大部分的花草很難存活。另一方面，植物也可能危害到貓咪健康，導致牠們吃完後出現嘔吐、腹瀉、呼吸困難、全身麻痺、急性心臟衰竭等症狀。據統計，對貓咪有害的植物至少超過四百種，因為數量龐大，很難每種植物都事先調查清楚，所以在這個章節中，將介紹幾種家中常見的代表性植物。

🐾 為什麼貓咪要吃葉子？

大家都知道貓咪是肉食性動物，那為什麼還要咬葉子吃呢？據說從遠古時代，野生貓科動物會獵捕鳥類、鼠類，並透過獵物胃中的內容物攝取纖維質，而吃花草同樣具有補充纖維質的作用，當然也有些貓咪只是單純喜歡葉子的口感和香味。總而言之，不論植物種類為何，貓咪都有可能通通吃下肚，因此在這種情況下，就要避免貓咪攝取到有害植物。

好吃

🐾 貓咪植物中毒的症狀

貓咪吃到有害植物時，可能會出現以下幾種症狀。請特別注意百合科植物，就算貓咪沒有吃到花瓣，但只要吃到一丁點葉子、根，甚至花瓶裡的水，都可能引發嚴重中毒，甚至死亡。如果貓咪吃到植物後出現清單內的症狀，請盡速就醫。

貓咪的植物中毒症狀
- 嘔吐、腹瀉。
- 小便量明顯減少。
- 抽筋或癲癇。
- 體溫過低。
- 呼吸急促或開口呼吸。
- 耳朵內側、鼻子、牙齦等部位變藍。
- 活動量明顯減少，無精打采。
- 瞳孔放大、失去意識。

· **表五** 常見植物與對貓咪的影響

危險的 NG 植物		無害的 OK 植物	
· 橡膠樹	· 蘆薈	· 連翹	· 木槿花
· 菊花	· 鈴蘭	· 非洲菊	· 羅勒
· 牽牛花	· 芍藥	· 蟹爪仙人掌	· 百日紅
· 雛菊	· 天竺葵	· 芫荽	· 松樹
· 薰衣草	· 山躑躅	· 迷迭香	· 梨果仙人掌
· 龜背芋	· 杜鵑	· 金盞花	· 墨西哥雪球
· 百合	· 康乃馨	· 錦晃星	· 茉莉花
· 垂榕	· 鬱金香	· 竹子	· 蜀葵
· 鳶尾花	· 三色堇	· 雪佛里椰子	· 百里香
· 繡球花	· 聖誕紅	· 山茶花	· 袖珍椰子
· 水仙花	· 鵝掌藤	· 丁香花	· 小蒼蘭
· 常春藤	· 風信子	· 香蜂花	· 向日葵
· 火鶴花		· 燕麥	· 大麥草
		· 小麥苗	

* 更多植物資訊可以參考美國愛護動物協會（The American Society for the Prevention of Cruelty to Animals）網站中的「Toxic and Non-Toxic Plant List, Cats」。

 **BEMYPET Tip**

攝取纖維質幫助排出毛球

如果貓咪特別喜歡吃葉子，且纖維質的攝取又有助於排出體內的毛球，那麼不妨為貓咪準備安全的植物，例如貓草（小麥苗、大麥苗等）。如果要種貓咪不能吃的植物，請放在貓咪無法靠近的陽台等空間，並確實上鎖，避免貓咪去開門。

挑剔又固執的潔癖貓

請原諒找

要清乾淨喔！

很多人有個觀念是「貓咪自己也可以玩得很開心」，所以認為養貓比養狗容易，不過其實貓咪對生活環境很敏感，該細心留意的地方也很多。其中有件事不僅關乎貓咪的情緒，還會影響貓咪的健康，這件事就是「環境衛生」。

跟貓咪一起生活後，會很意外貓咪竟然這麼愛乾淨，牠們會因為水面上有異物就不喝水，或是在貓砂盆很髒時忍住不大小便。如果這種情況頻繁發生，貓咪很有可能因此罹患腎臟疾病或是膀胱炎等泌尿系統疾病，所以務必保持整潔。

🐾 一天洗兩次餐具是基本！

貓咪的餐碗最好每次吃完就洗乾淨，尤其到了夏天，留在碗內的食物很容易滋生蚊蟲或細菌。如果使用自動餵食器，早上和晚上也一定要清洗。

水碗最好也一天洗兩次以上，才能讓貓咪隨時喝到新鮮的水。貓咪在本能上不太愛喝水，所以要確認貓咪每天的飲水量是否足夠（成貓體重每公斤需喝 40～50 毫升）。再加上前面提到，水碗如果有異物或臭味，貓咪就更不喝水了，因此水碗的整潔非常重要。當外出時間較長時，建議準備 2～3 個水碗。

> **飼料保存方法**
> 將整包飼料裝入夾鏈袋密封保存後，裝在有蓋子的容器裡（夾鏈袋可以減緩飼料氧化）。如果想把飼料移裝到其他容器，請使用能完全密封的玻璃容器，而非塑膠盒或一般塑膠袋。

 一天清兩次貓砂也是基本！

貓砂盆對貓咪的重要性不容小覷。雖然貓砂盆和貓砂的選擇很重要，但維持貓砂盆的乾淨也是一大重點（關於貓砂盆和貓砂將在下個章節提到）。人們看到骯髒的廁所會有壓力，貓咪也是一樣，如果廁所不乾淨，貓咪隨地大小便、忍住不排便的可能性就會增加，而且長期下來，不僅貓咪的壓力越來越大，還可能引發內科疾病。

貓砂盆裡的排泄物一天至少要清理兩次，更換貓砂的次數取決於貓砂盆的大小、貓砂種類與狀態。以膨潤土礦砂來說，平均 3～4 週要整盆換一次，最好趁換貓砂時連同貓砂盆一起清洗；如果貓砂裡面有很多灰塵，結塊的貓砂很容易碎裂、味道太重，也要整盆換掉。另外，貓砂盆附近常常掉很多砂子，因此建議鋪上落砂墊，維持周圍整潔。

貓砂盆的數量最好比貓咪數量多 1～2 個，並依照貓咪獨自在家的時間來作調整。

去除貓砂盆臭味的方法

如果貓咪喜歡站著小便或是尿在貓砂盆的盆壁上，可以常用殺菌消毒劑擦拭貓砂盆，但最根本的解決方法，還是多清理貓砂盆。

 **與毛髮的戰爭**

　　貓咪非常會掉毛，這點只要看養貓人的衣服和包包就知道了。當貓咪掉太多毛時，建議每天幫貓咪梳毛，讓已脫落的毛髮自然掉落。

　　最近很多人會用拋棄式拖把布，但拋棄式拖把布含有對貓咪不好的清潔劑成分，可能讓牠們在舔毛時吃下殘留的清潔劑，所以建議用抹布或廚房紙巾沾水後擦地即可。

BEMYPET Tip

製作對貓咪安全的殺菌消毒劑
・去除貓尿味：檸檬酸 2 匙＋溫水 250ml
・擦拭排泄物：小蘇打粉 2 匙＋溫水 250ml

貓砂盆的滿意度不能妥協

我真的很討厭自動貓砂盆啊！

蟲蟲～ 蟲蟲～

　　前面提過，貓咪在貓砂盆上廁所是本能、是非常基本的行為，就算沒有特別訓練，貓咪也會在固定的地方大小便。如果選到貓咪不喜歡的貓砂盆或貓砂，牠們甚至寧願忍住不大小便，這樣一來，不能上廁所不僅讓牠們壓力很大，也很可能演變成棘手疾病。

🐾 各種貓砂盆的優缺點

貓砂盆的種類非常多，但有很多產品是為了人類方便而設計的，並非考量到貓咪的本能與喜好，所以選擇時要更慎重才行。

開放式貓砂盆

這是一般貓咪最喜歡的貓砂盆類型，因為四面開放，能在排便時觀察四周，可以帶給貓咪穩定感，也因為通風良好，大小便味道很快就會散掉。但若貓砂盆擺放在明亮、有人走動的空間，則建議選擇封閉式貓砂盆，或是壁面較高的半封閉式。

開放式貓砂盆最大的缺點是「落砂」情況嚴重，因為沒有罩子，所以貓咪跑出來時，砂子也會一起撒到各個地方。

封閉式貓砂盆

封閉式貓砂盆是在平面式貓砂盆上加罩子。每隻貓咪個性不同，有些貓咪覺得封閉式貓砂盆比較有安全感。如果貓砂盆是放在玄關、走道等人來人往來的地方，那麼封閉式貓砂盆會是一個解方。

建議選擇入口在正面的封閉式貓砂盆，有些貓砂盆為了避免落砂而將入口設計在上面，這對貓咪來說其實並不方便，所以不推薦。另外，像冰屋那樣入口很窄的貓砂盆或是有附門的貓砂盆，都不是方便貓咪使用的構造。

雙層貓砂盆

雙層貓砂盆分成兩層，底層鋪尿墊，上層鋪貓砂。有些雙層貓砂盆是木屑砂專用，木屑砂不會揚塵，也能防止落砂，臭味和小便則由底層的尿墊吸附。不過，這樣的結構無法滿足貓咪埋住排泄物的本能，木屑砂的顆粒太大也可能刺激貓咪的腳掌。

當然也有的貓咪很習慣使用雙層貓砂盆，但一般來說，如果有開放式貓砂盆可以讓牠選擇，多數貓咪不會選擇雙層貓砂盆。

自動貓砂盆

自動貓砂盆會在貓咪排便後自動過濾排泄物，但老實說這並不適合貓咪。貓咪需要的貓砂盆空間至少要是身體的 1.5 倍，甚至越大越好，可是自動貓砂盆的特性是內部較窄，且貓砂都鋪得很淺，貓咪很難用貓砂把排泄物埋起來。倘若外出時間很長，想要使用自動貓砂盆，那麼建議搭配開放式貓砂盆一起使用。

🐾 貓砂的優缺點

貓砂也有非常多種類，請先瞭解各種材質的優缺點後再挑選。如果很難選擇，建議可以先把各種貓砂倒在不同的貓砂盆裡，觀察貓咪經常使用的是哪一種。

膨潤土礦砂

最多貓咪喜歡的是膨潤土礦砂,因為材質和顆粒大小最接近大自然中的沙子,也不太會刺激腳掌、能埋住排泄物,而且凝結力佳、不容易碎裂、方便清潔。

不過,膨潤土礦砂的缺點是很容易揚塵,難以避免落砂,沙塵也比較容易讓貓咪罹患結膜炎或支氣管炎,所以如果貓咪有氣喘或是鼻炎,建議在使用前先測試看看。

木薯砂

木薯砂是將木薯塊根植物與玉米混合製成,成分百分之百天然,就算貓咪誤食也很安全。此外,木薯砂凝結力強,幾乎不會產生灰塵,不用太常整盆更換,用量節省(礦砂每3~4週須整盆更換,木薯砂大約可使用 3 個月),而且大部分木薯砂都是白色或象牙色,方便觀察貓咪的小便顏色,適合有下泌尿道症狀的貓咪。如果家中貓咪習慣吃貓砂盆裡的貓砂,那麼也建議使用木薯砂。不過,木薯砂顆粒小,很容易散落,而且幾乎沒有除臭力,需要加強除臭。

豆腐砂

豆腐砂是豆腐渣製成的顆粒，落砂情況比礦砂和木薯砂更少，所以相當受貓奴歡迎，而且豆腐砂遇水易溶，鏟起的排泄物可以直接沖馬桶，這是很大的優點。不過，豆腐砂跟天然沙子的觸感完全不同，有些貓咪不怎麼喜歡，而且凝結力差、容易碎裂，所以清潔周期較短。在夏天濕氣重時容易吸引蚊蟲或發出惡臭，必須較頻繁整盆更換。

🐾 檢查貓咪對貓砂盆的滿意度！

只要觀察貓咪使用貓砂盆的姿勢、排便次數、排泄量，很容易知道貓咪對貓砂盆的滿意程度。如果每次一更換貓砂，貓咪立刻進去上廁所，就表示牠的滿意度很高。如果不喜歡，貓咪就會在每次上完廁所後匆匆出來，甚至連把排泄物埋起來都不願意，也有可能採取不舒服的姿勢上廁所、上完去撥牆壁等其他不是貓砂的地方，或是在貓砂盆以外的地方小便。

CHECK 如果貓咪沒有排泄在貓砂盆裡

☐ 不要對貓咪大吼大叫或生氣，如果導致貓咪憋尿反而會得膀胱炎。

☐ 確實清乾淨，不要讓味道殘留，避免貓咪因為味道而繼續在同個地方小便。

☐ 建議增加貓砂盆的數量，或是換成更大的開放式貓砂盆。

☐ 把貓砂盆改放在貓咪經常亂小便的位置附近，或是增加貓砂盆的數量。

☐ 經常更換整盆貓砂，換成貓咪喜歡的貓砂。

☐ 要有耐心，可能會需要幾天到幾個月的時間來改善亂小便的情況。

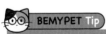

配合貓咪的喜好選擇貓砂
前面介紹了各種貓砂，但一般來說貓咪喜歡近似大自然沙子的木薯砂或礦砂。不過，每隻貓咪的喜好不同，請選擇牠喜歡的貓砂來使用。

貓咪比人類更需要防蚊

嗡嗡～

蚊子！？
我要打死你！

　　很多人問我：「蚊子會叮貓嗎？」雖然貓咪被叮的次數比常常出門的狗還少，但貓咪在夏天也躲不過蚊子的襲擊，尤其貓咪的耳朵尖端、臉、腳掌等毛髮較少的部位，很容易被蚊子叮咬，所以一定要「防蚊」，因為貓咪可能會被蚊子叮咬而感染「貓心絲蟲症」。

　　貓咪感染貓心絲蟲症後，不會出現症狀，所以很難知道是否感染。雪上加霜的是，目前還沒有能治療貓心絲蟲的藥，因此我們更要留意周圍環境，以防貓咪被蚊子叮咬。

🐾 貓心絲蟲症為什麼很危險

心絲蟲是以蚊子為媒介的寄生蟲，感染心絲蟲的蚊子會在叮咬狗或貓時傳染給牠們，然後在宿主身上發病。貓心絲蟲症對貓咪來說非常致命，如果是急性感染，有可能出現呼吸困難等呼吸道症狀，也可能猝死；如果是慢性感染，則會出現咳嗽、打噴嚏等輕微呼吸道症狀，還有體重減輕、嘔吐、沒有活力等狀況。

尤其貓比狗更難診斷出心絲蟲症，也沒有相對應的藥物，所以難以治癒，只能預防或針對已經出現的症狀治療，直到心絲蟲在體內死亡。

不過，並不是被蚊子叮就代表感染了貓心絲蟲症，貓咪也可能被沒有感染的蚊子叮到。貓咪跟人類一樣，被蚊子叮到的地方會發癢，嚴重一點可能引發過敏反應，但通常大部分的症狀都能夠自然緩解。如果發現貓咪過度舔拭或是抓特定部位，那麼最好去醫院接受診療。

🐾 預防貓咪被叮咬的方法

老實說，貓心絲蟲症幾乎不可能治癒，所以最好的方法就是預防。通常會投藥來預防心絲蟲，或是將屋內設置成防蚊的環境，可以參考以下防蚊用品。

禁用蚊香或殺蟲劑

蚊香的味道不利於貓咪的健康，而且貓咪也可能誤食燒完的灰燼，相當危險。萬一貓咪打翻了蚊香，還有可能引發火災，所以建議不要使用。

噴霧型態的防蚊液中含有殺蟲劑成分，貓咪可能誤食殘留在地板或窗簾上的殺蟲劑，所以也很危險。如果一定要使用，請噴在貓咪不在的空間，或是特別注意地板的清潔與空氣流通。

捕蚊燈

捕蚊燈是以蚊蟲喜歡的特殊紫外光來吸引蚊蟲，再以高壓電流擊斃，所以貓咪不會有接觸到人工成分的疑慮，不過要在漆黑環境中效果比較好，白天使用的效果不彰。此外，高壓電引起的噪音可能驚嚇到貓咪。

電蚊香

電蚊香的安全性較高，不用擔心貓咪誤食，但也要注意不能放在貓咪所在的密閉空間，務必在通風良好、貓咪無法進入的地方使用。

肉桂棒

蚊子討厭肉桂的味道，把肉桂棒掛在窗邊或噴些肉桂噴霧都有助於防蚊，因為是天然的防蚊劑，成分非常安全。不過，有些貓咪接觸到肉桂會有過敏反應，請小心使用。

BEMYPET Tip

盡可能讓貓咪遠離蚊子
值得慶幸的是，貓咪感染貓心絲蟲的可能性比狗低，而且就算感染了，寄生蟲在體內生長、引發問題的機率也不高，但絕不能因此掉以輕心，還是要確實做好防蚊對策。

貓抓板是貓咪的靈魂伴侶

抓抓
抓抓

　　在養貓人的世界中有一句話：「在懷裡出生，用錢包養大。」說明跟貓咪一起生活需要添購的用品，實在多到會讓人困惑的地步。其中除了餐具、貓砂盆等必需品，最重要的就是「貓抓板」。許多貓奴異口同聲表示：「貓抓板比貓跳台還重要！」，因為貓抓板能夠確實達到讓貓咪抒發情緒、滿足本能的作用。

 磨爪子對貓咪的重要性

使用貓抓板的基本功能是「磨爪子」。對貓咪來說，爪子是很重要的部位，牠們把爪子當成手，用來攀爬高處、支撐身體，也作為強而有力的武器。貓爪有許多層，每過一段時間，內層就會長出新的爪子並往上推長，因此需要用粗糙的表面磨爪，剝除外層的老舊爪子。

「喵～我需要磨爪」

如果沒有幫貓咪剪指甲，貓咪就會經常抓破東西。多數家貓生活在光滑的地板上，光憑貓抓板很難確實去除舊爪，若又放任不管，爪子很容易裂開或破裂，因此必須時常幫貓咪修剪，尤其是很難用貓抓板打磨的後爪。

「喵～這個是我的」

貓咪的腳掌有分泌汗水和激素的分泌腺，會在抓東西時受到刺激，讓分泌物附著在牆壁或家具上，藉此標示領域，這就是為什麼貓咪常常抓破新家具、壁紙、沙發的原因。尤其公貓領域意識特別強，當家裡有陌生人來訪，或是因新環境而受到壓力時，就會更常抓東西。

「喵～我就是心情好」

貓咪興奮、開心時也喜歡抓東西，例如吃飽滿足、在貓砂盆裡暢快排泄、終於等到貓奴回家等等，這些開心的時刻都會讓貓咪感到喜悅而抓東西。貓奴外出返家時，貓咪也常常抓貓奴的大腿，這可以說是一種開心的表現。

「喵～我想要冷靜一下」

貓抓可說是貓咪典型的減壓行為之一，例如受到責罵、突然聽到巨大聲響，這些時候貓咪都會為了讓自己鎮定下來而抓東西。

🐾 在家裡各處設置貓抓板

貓抓板在貓咪的生活中就是扮演這麼重要的角色，所以最好在家裡各處擺放不同的貓抓板，理想的數量是兩個以上。依據用途，市面上可以買到各種形態和材料的貓抓板，該怎麼挑選才好呢？

臥室→紙箱型貓抓窩

臥室裡最適合擺放四面封閉的紙

箱型貓抓窩，因為箱子的形狀不會讓紙張碎屑掉到外面，比較不會有灰塵。

客廳、窗邊→平放式貓抓板

貓咪很喜歡在客廳玩耍時、看窗外時、休息時，躺在像

椅子般的平放式貓抓板上。這種貓抓板符合貓咪身體的曲線，能讓貓咪舒服休息，或是坐在上面觀賞窗外及周遭環境。

玄關、家具旁→直立式貓抓柱

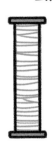

如果貓咪經常抓牆壁或沙發等家具，可以在那些地方設置直立式貓抓柱。放在玄關旁邊，貓咪也可以在迎接貓奴回家時盡情開抓，表達喜悅的情緒。

BEMYPET Tip

貓抓板也有助於貓咪伸展
當貓咪為了舒展身體而抓貓抓板時，會像伸懶腰一樣伸直前腳來抓。
聽說這樣的姿勢能夠幫貓咪放鬆緊繃的肩膀與背部肌肉。

貓咪經常睡在意想不到的地方，有時候是窗邊，有時候是很高的貓跳台上。為什麼貓咪睡覺的地方這麼不固定，難道真的只是依照當下喜好嗎？

✦ 貓咪換地方睡覺的原因

貓咪一直換地方睡覺的原因有很多，通常取決於貓咪周圍的環境、心情、狀態等，大致上可分成三種：需要配合季節調整體溫、想睡在安穩的地方、想待在信賴的人身邊。

✦ 貓咪睡在這些地方時想什麼？

睡在窗邊

貓咪喜歡溫暖的地方。如果睡在陽光直射的窗邊，就代表牠享受溫暖的陽光，而且這個位置同時還能欣賞窗外，對貓咪來說充滿樂趣。建議可以將貓跳台或吊床設置在窗台附近，讓貓咪可以舒服休息。

睡在冰涼的玄關、磁磚上

夏天的時候，常常看到貓咪睡在冰涼的玄關或廁所地板上，藉由地面調解體溫。如果看到貓咪睡在這些地方，可以試著稍微降低屋內溫度。

睡在高處

貓咪睡在高處的原因有兩個。第一，室內溫度太低覺得冷，因為高處的空氣比較溫暖，所以睡在高處。第二，覺得太吵不安，對貓咪來說高處是安心的個人空間，如果感到焦慮不安就會想要待在高處。

跟貓奴一起睡覺

大部分的成貓都會想要自己睡，但有些貓咪即使已經是成貓，還是喜歡跟貓奴一起睡，這可以視為貓咪對你有強烈的信賴感。

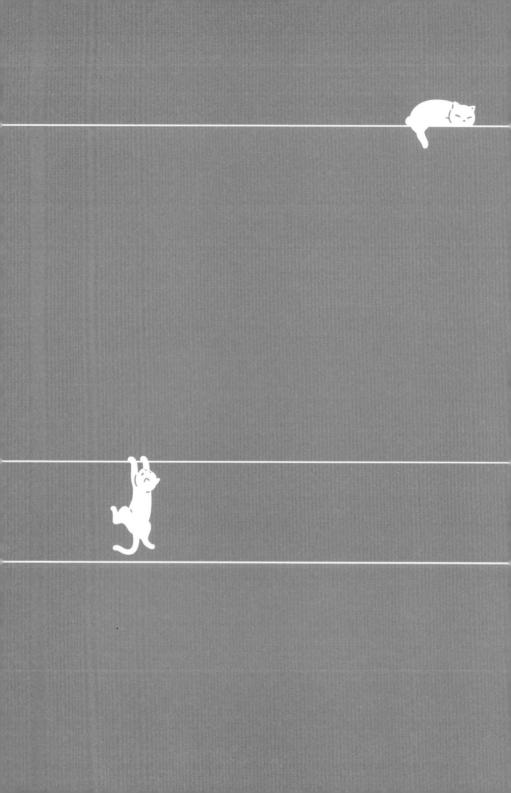

PART 5

與貓的相處指南：
培養心靈相通的好默契

從肢體動作解讀貓心思

你在說什麼？

喵～喵～

　　如果能跟貓咪對話該有多好？這大概是很多貓奴的共同願望，也因此有陣子「貓語翻譯機」成為熱門話題。但其實有個方法比貓語翻譯機更能清楚掌握貓咪的想法，那就是「肢體語言」。前面章節主要著重在貓咪的異常行為，而這個章節則是貓咪肢體語言的綜合篇，包含如何從姿勢、尾巴和耳朵讀懂貓情緒，讓我們更進一步來理解貓咪吧！

🐾 貓咪是用身體在說話

貓咪乍看之下好像沒什麼表情，但其實貓咪會透過眼睛、耳朵、尾巴和叫聲等多種方式對我們說話。也許一開始很難掌握肢體語言的含意，但只要仔細觀察就能知道貓咪的情緒與狀態。

🐾 觀察貓咪的姿勢

壓低身體，蜷縮在一起

當貓咪遇到陌生人或是狀況危險時，就會採取這種姿勢，試圖把身體藏起來。這姿勢意味著害怕、不舒服與警戒等緊張狀態，所以請不要靠近牠，保持距離，等待貓咪鎮定下來。

呃……

腳掌著地蹲坐

這是一個隨時都能逃走的姿勢。因為完全露出四肢，彎下身體並微蹲，所以只要感覺到危險，貓咪就能像彈簧一樣往上彈跳，更快逃跑。

頭和身體靠近你並望著你

怎麼了？

這姿勢意味著貓咪感興趣、好奇。如果沒有感受到危險性，貓咪就會進一步靠近，嗅聞味道。在這個階段，貓咪已經認知到你不是敵人，某種程度上已經放心。

露出肚子翻滾

滾滾～

滾滾～

如果貓咪露出肚子、毫無防備地躺下，或是「折手手（將前腳完全塞在身體下）」，因為這些姿勢難以立刻轉換成下個動作，所以代表牠非常信賴對方，是在貓咪感到舒服、安定時的表現。

 觀察貓咪的尾巴

尾巴立得直挺挺

如果尾巴直直立起、往上舉高，就代表貓咪的自信和滿意度很高，心情很好的意思，不會害怕也沒有緊張。如果尾端還稍微搖擺，就表示牠準備好要和對方交流。

尾巴下垂

如果貓咪尾巴垂得很低，就表示處於警戒或攻擊狀態，大概就跟人類表情嚴肅的意思一樣，通常是心情不好、不滿。如果貓咪還把尾巴夾在雙腳中間，就表示牠感受到緊張與恐懼，這個時候請想想貓咪害怕的原因，並進一步處理。

碰！尾巴膨脹炸毛

如果貓咪尾巴像浣熊尾巴一樣膨脹，就代表受到很大的驚嚇。貓咪感到危險時，會盡可能讓自己的身體變大，以做好戰鬥準備，所以尾巴會自然而然膨脹。這種情況在幼貓身

上很常看到，但成貓幾乎不會有此行為，不過有些貓偶爾也會在玩逗貓棒時出現這種反應，與其說是不安或恐懼，倒不如說是好奇心和狩獵本能而變得激動。

「咻咻、啪啪」尾巴快速擺動

貓咪尾巴快速強力擺動、拍打地面的行為，都是在傳遞不自在的訊號或警告，尤其如果在摸貓時，牠的尾巴用力擺動，請立刻停止觸碰。

尾巴輕輕擺動

貓咪擺動尾巴並非都是負面含意。當貓咪專注在特定物體上時，尾巴也會往兩側輕輕擺動，例如在玩喜歡的玩具，或是發現空中的灰塵或小蟲子時，也會出現這種反應。

觀察貓咪的耳朵

耳朵直立或往前折

如果貓咪的耳朵往前傾或直直立起，表示牠正處於自信、自在、滿足等正面情緒。此外，直立的耳朵也代表牠感到好奇、有興趣，這時鬍鬚也會往上揚或是大大展開。

耳朵扁平或往後折（飛機耳）

當貓咪的耳朵往後折，通常代表不滿、憤怒、警戒、害怕等負面情緒，例如聽到打雷聲。在貓咪面對人類時，如果看到牠耳朵往後折，又甚至是壓低身體，採取準備狩獵的姿勢，就有可能是攻擊訊號，要特別小心。

BEMYPET Tip

貓咪希望能跟貓奴充分溝通

多數貓奴覺得貓咪不太擅長表達情緒，但其實貓咪會透過表情變化、尾巴、耳朵活動、叫聲等方式傳達心情。平常可以多觀察貓咪的行為，培養彼此之間的默契，成為正確掌握貓咪心情的最棒貓奴！

擄獲貓心的按摩神技

　　就算彼此關係非常親近，貓咪也經常在被貓奴觸碰時逃開，導致有「貓咪討厭被摸」的深刻印象。不過，肢體接觸是很重要的交流，不僅能提升彼此的信賴感與連結度，也能及早發現貓咪的身體異狀。為了守護貓咪的幸福與健康，請務必學會摸貓的祕訣，以及幫牠們按摩的方法。

貓咪喜歡被這樣摸

雖然每隻貓咪的個性不同，戒備程度也不一樣，但請不要亂摸剛認識的貓咪，先給牠一點時間，等待牠主動靠近。因為即便是喜歡肢體接觸的貓咪，還是需要信賴基礎才行。

摸背部

最基本的貓咪摸法，就是順著毛流的方向，用手掌輕輕撫摸牠的整個背部。貓咪的背上有很多穴道，常常撫摸也有按摩的效果，可以在貓咪躺著或休息時輕輕摸牠。

抓下巴

用指尖抓或輕輕摸貓咪的下巴附近，也是貓咪喜歡的接觸方式。如果貓咪眼睛閉起來或是發出「呼嚕」的聲音，代表牠非常舒服。

搓耳朵

貓耳上有很多穴道，輕輕捏住耳朵尖端或是輕揉都有簡易的按摩效果。在按摩時，不要太用力拉扯，用大拇指和食指稍微捏住耳朵前後摸一摸，並邊觀察貓咪的表情來調整力道強度。

拍尾骨

這個「拍屁股」的動作深得貓咪歡心。因為貓咪的骨盆連接尾巴和背部，有許多神經匯集在此處，所以被輕輕拍打會很舒服，但小心不要太用力敲，貓咪可能被刺激而展開攻擊。輕輕撫摸貓咪的背部，再輕拍尾巴附近，貓咪就會舒服到把屁股翹起來。

最佳摸貓時機

不要在貓咪吃飯、舔毛、專注玩耍時摸牠們。站在貓咪的立場，牠們會認為這時候碰牠是在干擾牠的行為，反而是種壓力。摸貓的最佳時機，是在貓咪舒服躺著休息，或是撒嬌磨蹭的放鬆時刻。

除此之外，按摩貓咪的臉也有訣竅。貓咪的臉有許多連接神經系統的穴道，所以按摩臉部周圍有助於減輕壓力、恢復鎮定。當然還有另一個好處，那就是連貓奴也會獲得療癒！以下讓我們來掌握貓咪的按摩法。

CHECK 貓咪的臉部按摩法

1. 用大拇指和食指，順著眉間毛流輕輕按壓。
2. 接著用手掌輕輕往上按壓到後腦勺。
3. 大拇指在眼睛上下周圍，從內往外輕撫。
4. 用大拇指從嘴巴下方，像是輕掃過般往下按到胸部。
5. 輕輕捏住臉頰，往外拉起再往內收。

 透過肢體接觸檢查貓咪的健康

摸貓不僅是貓咪紓壓、主人療癒，還可以藉此掌握貓咪的健康狀態。

觸碰貓咪臉部周圍時

① **頭**：確認有沒有因皮膚炎而出現的斑點、掉毛、腫瘤或傷口。如果是多貓家庭，貓咪間可能會在嬉鬧、爭吵時留下傷口，尤其臉部附近的皮膚很脆弱，所以要仔細觀察。

② **耳朵**：確認有沒有耳蝨或耳屎。如果耳屎過多，可用耳朵清潔劑及棉花定期擦拭；若耳朵內發紅或太常抓耳朵而出現傷口，有可能是疾病，需要去醫院治療。

③ **眼睛**：檢查眼睛附近有沒有淚痕或眼屎，可用濕紙巾沾溫水輕輕擦拭掉眼屎；如果貓咪的角膜變白或變紅，可能是角膜受傷或是罹患角膜炎，需要看醫生。

④ **口鼻**：健康的貓鼻子是濕潤、冰涼的，如果鼻子變得乾燥或發燙，就要小心是脫水或發燒；如果貓咪流口水或嚴重口臭，有可能是罹患口腔疾病；牙齦正常狀況是呈現淡粉紅色，如果牙齒附近太紅或沒血色，請到醫院檢查。

觸碰貓咪的身體時

① **腰部和軀幹**：透過撫摸腰部和軀幹，可以確認貓咪的肥胖程度。假如摸貓時摸不到脊椎和肋骨，多半就是太胖了，但突然瘦下來也不對勁。除此之外，貓咪背部的皮如果捏起後回彈速度很慢，也有可能是脫水。

② **肚子**：摸貓咪的肚子時，可以檢查是否有腫塊、掉毛或是打結。如果貓咪被摸肚子時異常抗拒，有可能是覺得疼痛。肚子是貓咪最大的弱點，很多貓咪討厭被碰肚子，如果牠不喜歡的話就不要勉強硬摸。

觸碰貓咪的腿部時

① **前後腳：**按摩腳可以幫貓咪舒緩腿部肌肉，同時檢查關節或肌肉會不會疼痛。貓咪喜歡往高處爬，經常有扭到或骨折的風險，必須多注意。

② **貓爪：**檢查爪子是不是太長、有沒有裂開，並定期修剪指甲。如果爪子太長，裂開時可能會出現傷口，尤其如果是多貓家庭，貓咪很容易在嬉鬧時受傷，必須更加注意。

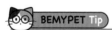

BEMYPET Tip

每隻貓咪的喜好不一樣
即便是貓界公認最舒服的拍屁股，還是有些貓咪不喜歡，所以我們要試著摸耳朵、下巴等各個部位，以此找出貓咪喜好。如果貓咪不喜歡被摸某些部分，就不要勉強牠。

貓語可不只有喵喵喵

呼叫貓奴！

　　貓的叫聲乍聽差不多，很難察覺其中微妙的差異，所以要仔細觀察貓叫時的行為。牠有可能只是肚子餓或是想要找你玩，但也可能是疾病的警訊，因此需要特別的關注。以下先來瞭解貓咪叫聲的含意吧！

貓咪這樣叫是什麼意思？

發情期的叫聲「哇喔～～哇喔～～」

喵～我在找另一半

如果貓咪尚未做結紮手術，可能會在發情期發出「哇喔～～哇喔～～」哀號般的叫聲。一般來說，發情期的母貓會發出聲音吸引公貓，而公貓也會發出聲音回應母貓。這種叫聲的特色是音調很高、很大聲，像是人類嬰兒的啼哭聲。

請求的叫聲「喵～嗚～」

當貓咪望著貓奴，發出呼喚般拉長音的「喵～嗚～」叫聲，往往是有事情想拜託的意思。這是貓咪最常發出的叫聲，例如想吃飯、想玩、貓砂盆變髒時，都會以這種叫聲來表達需求或不滿。如果聽到貓咪發出「喵～嗚～」聲，請依序檢查餐碗、水碗、貓砂盆的整潔吧！

開心的叫聲「喵！」

如果貓咪在腳邊磨蹭身體，並發出「喵！」的短促叫聲，就代表牠很開心、高興。貓咪經常在歡迎貓奴回家、需要貓奴關心時發出這種叫聲，也會在聽到貓奴呼喚自己名字時，發出這種叫聲來回應。

興奮的叫聲「喀喀喀喀」

有時貓咪會微微開口，發出「喀喀喀」的怪聲，稱為顫震鳴叫（chattering）。這是貓咪發現獵物時的本能叫聲，表示牠正處於準備狩獵的狀態，但沒抓到獵物挫敗時也會發出這樣的聲音。

憤怒的叫聲「赫～！」、「嘶～！」

一般稱為「哈氣」的凶狠叫聲。當貓咪處於憤怒、恐懼或極度不安時，就會發出這種攻擊性的聲音，警告對方「別再靠近！」所以當我們聽到這種叫聲時，最好離貓咪遠一點。如果平常溫馴的貓咪突然變得兇狠，也可能是想掩飾身上的病痛，最好帶去醫院檢查。

舒適的叫聲「呼嚕呼嚕」

這是從貓咪喉嚨附近發出，如震動般的聲音。一般來說，通常表示貓咪正處於放鬆或安穩的舒適狀態，但偶爾焦慮不安或不舒服時，也會透過呼嚕聲紓壓，讓自己冷靜下來。

疼痛的叫聲「嘎嗚！」、「喵嗚！」

尾巴被踩到、被其他貓咪咬等，貓咪會在感到疼痛的時候，發出這種短促如悲鳴般的叫聲。如果貓咪在貓砂盆附近發出悲鳴叫聲，有可能是緊急狀況，請立即送醫。

滿意的叫聲「喵～（無聲氣音）」

如果貓咪在吃飯或零食時，嘴巴張開像在叫，卻沒有聲音，就表示牠覺得「太好吃了！」的滿意讚賞，尤其幼貓特別常這樣發出無聲氣音。

低沉的呻吟「凹嗚～」

當貓咪發出「凹嗚～」的低沉呻吟，就代表狀態不好或不安，如果牠在沒有任何威脅的情況下蜷縮起來、毛髮直豎，或是發出呻吟，有可能是很痛的意思，最好趕快帶去醫院檢查。

悲鳴般的叫聲「嘎～！」

貓咪的「嘎啊！」、「嘎～！」哀號聲，很有可能是因為劇烈疼痛。貓咪不常發出這種叫聲，所以如果牠這樣叫，就要立刻確認狀況，說不定是從高處跳下來扭到腳、脖子被繩子或塑膠袋套住等危險情況。

在貓砂盆發出叫聲

如果貓咪繞著貓砂盆叫，或是在排泄時叫，很有可能跟疾病有關。貓咪容易染上泌尿系統疾病，所以當貓咪在貓砂盆感到不自在時，請盡速就醫檢查。

BEMYPET Tip

貓咪叫的各種原因

野生貓咪除非是發情期，否則不太亂叫，牠們大多是透過尾巴、行為、眼神來溝通，而非叫聲；幼貓常常發出聲音，目的是告知母貓自己的位置或是請求幫助；跟人類一起生活的家貓，則會為了跟貓奴對話而發出聲音，所以如果聽到異常的叫聲，必須盡可能找出原因。

稱讚是貓咪的幸福來源

　　貓咪不舒服、害怕就會想逃避，所以經常有人會說「貓咪教不來」。就像前面提到的，如果貓咪做出翻倒垃圾桶、打破物品等問題行為還是需要管教，反過來說，當貓咪遵守規定時，當然也需要稱讚。雖然貓咪無法理解人類語言，卻能迅速察覺到人類的情緒反應，清楚知道自己正在被斥責還是稱讚。

 **為什麼貓咪需要稱讚**

老實說，獨立的貓咪並不認為稱讚很重要，但被稱讚時，牠們會同步感受到人類的心情、注意力和關愛，能夠幫助牠們提升滿意度、自信感，培養與貓奴間的連結緊密度。

 **稱讚貓咪的方法**

以稱讚搭配零食獎勵

比方說，如果貓咪乖乖忍受討厭的剪指甲、洗澡、刷牙等事情，結束後就可以一邊稱

讚牠們一邊給予零食。久而久之，能夠讓貓咪漸漸培養出耐心，往後遇到厭惡的事情時，忍耐度也會提升。

抓緊每個稱讚的時機

稱讚貓咪的時機也很重要。這跟貓咪犯錯要當場管教一樣，當貓咪表現良好時也必須立刻讚美。如果沒有當下稱讚，貓咪就會搞不清楚為何被稱讚，沒辦法將「受到稱讚」的正面經驗和「行為」連結在一起。

以浮誇的語氣來稱讚

可以一邊摸貓，一邊提高音調用誇張的語氣，不斷說出：「你做得好好！」、「真是太厲害了！」等，透過固定的語調和詞彙，讓貓咪理解這是稱讚的意思。

配合貓咪的喜好犒賞

想要給貓咪獎勵時，依照貓咪的特性和喜好也很重要。如果貓咪喜歡被摸，可以在稱讚時搭配抱抱和撫摸；喜歡吃東西的貓咪則給牠零食；如果貓咪愛玩逗貓棒，就陪牠玩耍。

BEMYPET Tip

稱讚能讓貓咪變聰明
和貓咪一起生活，需要掌握稱讚的奧義！透過稱讚不僅能讓貓咪理解規則，也能藉此讓牠感受到自信與幸福，加深與你的情感連結。請不要吝嗇付出你的讚美！

睡眠狀況是豐富的資訊庫

　　和貓咪一起生活的人都知道，貓咪經常在睡覺，應該說貓生有一半以上的時間都在睡覺。這表示睡眠是影響貓咪生活品質的重要元素，但你知道，貓咪的睡姿也有含意嗎？牠們會隨著身心狀態而出現各種睡姿。

🐾 解讀貓咪的睡姿

腳掌貼地姿

戒心強的貓咪經常採取這種姿勢睡覺，很多流浪貓也都是這樣，因為這個姿勢能夠隨時逃跑，屬於淺眠的狀態。

另一種則是前腳塞在身體裡面的「折手手」睡姿，這是比較穩定的狀態，但並非舒服的姿勢，表示還保有一點戒備狀態。家貓在天氣冷時，常會以「折手手」的姿勢睡覺。

捲曲海螺姿

海螺姿勢就是貓咪把臉倒向臀部、身體捲成圓形的姿勢。此時貓咪低著頭，腳離地板較遠，處於戒心很低的狀態，也是在涼爽空間中常見的睡姿，代表想要獨處、不想被打擾。如果貓咪以海螺姿勢睡覺，請注意室內溫度是否過低，並且不要妨礙牠，讓牠可以熟睡。

雙腳遮眼姿

如果貓咪在睡覺時用前腳遮住眼睛，或是把臉埋在地板，就代表環境燈光太刺眼。為了貓咪的睡眠，請關掉房間的燈，營造出貓咪能舒服休息的生活環境。

四肢伸直姿

如果貓咪睡覺時四腳伸得直直的，意味著警戒心很低，而且牠覺得很安全、放心。如果換棉被後貓咪用這個睡姿睡覺，代表牠很滿意棉被的觸感。此外，如果是以伸直的狀態貼著牆壁，可能是太熱了在散熱，請降低房間溫度。

屁股朝人姿

如果貓咪睡覺時屁股朝人，代表牠很信賴你，意味著「你要幫我守好背後！」因為牠們在野外生存時，從背後被攻擊是非常致命的事。

與貓奴睡一起的貓咪特徵

睡在貓奴的頭周圍

如果貓咪跟貓奴的關係緊密又很愛撒嬌，就會常常睡在貓奴的頭周圍。前面提過，特別是屁股朝著人的臉睡覺，代表對這個人的信賴度很高。

鑽進貓奴棉被裡

願意鑽進棉被的黑暗空間中睡覺，代表牠們完全沒有戒心。貓咪喜歡安全感，所以偏好貓窩或箱子之類的封閉空間，當然還有另一個原因是怕冷。

睡在貓奴的腿中間或腳下

通常表示貓咪雖然想跟貓奴一起睡，但不想被摸、被煩。這種類型的貓咪通常比較不會撒嬌、個性獨立。

睡覺時與貓奴保持距離

貓咪不是群居動物，習慣獨自生活，因此以成貓來說，偏好自己睡是很自然的情況。如果貓咪特別喜歡自己睡，就代表牠的自我意識很強，很獨立。

 **從睡眠的異狀看出警訊**

　　貓咪改變睡眠型態的原因很多，尤其是在身體出狀況的時候。我們來瞭解出現哪些異狀時，需要特別留意貓咪的健康吧！

一整天睡個不停

　　每隻貓咪狀況不同，通常成貓的平均睡眠時間是一天14個小時，不過如果發現貓咪睡得比平常久、活動量減少、沒有力氣，請一定要帶去醫院檢查。貓咪就算不舒服也不太表現出來，所以光是睡眠時間增加，也有可能是疾病的警訊。

睡覺時發出異常聲音

　　如果貓咪睡覺時出現跟平常不一樣的打呼聲、鼻塞聲，就要懷疑是不是生病了。建議平常先記錄好貓咪的呼吸方式與每分鐘呼吸次數，這樣一來更能夠察覺異狀，知道是否需要帶貓咪去看醫生。

躲起來睡覺

貓咪如果反常地躲起來睡覺，有可能是某處受傷或疼痛，請仔細觀察牠的食慾、活動量、排便狀態等有無異狀。如果出現呼吸急促、開口呼吸的情況，請立刻帶去醫院。

睡眠時間大幅減少

如果貓咪睡得比平常少很多，到了半夜還到處跑，活動量大增，那要懷疑是不是甲狀腺機能亢進。此疾病好發於七歲以上的貓咪，活動量和食慾會突然增加，體重卻減少。

日夜顛倒的作息

如果貓咪睡覺的時間和平常不同，在晚上一直叫，有可能是失智的前兆。失智貓咪的睡眠模式會大幅變動，在該睡覺的時間到處跑，晚上每隔 1～2 個小時突然大叫，還會過度跟著貓奴，偶爾停下動作並呆呆坐著。

BEMYPET Tip

想跟貓咪一起睡的前提

首先跟貓咪建立信賴關係，像是常常陪牠玩逗貓棒、清理貓砂盆等，取得信任。第二，檢視自己平常的睡覺習慣會不會很差。第三，必須配合貓咪的睡眠時間，如果與貓咪的生活型態差太多，就很難一起睡。最後，不要在貓咪睡覺時摸牠，貓咪通常不喜歡睡覺時被干擾。

貓咪咬人背後的原因

　　有時候只是跟平常一樣陪貓咪玩耍，牠卻突然變兇或是咬人，這時不明所以的貓奴就會陷入慌張，甚至感到委屈。其實這並不是因為貓奴犯了什麼天大錯誤，有時候貓咪突然變兇或是咬人，不一定是攻擊的意思。以下讓我們一起來瞭解有哪些可能性。

 貓咪為什麼突然咬人？

「喵！牙齒好癢啊！」

　　幼貓出生後兩週開始長乳牙，三至七個月開始換牙，並長出永久齒。在貓咪掉乳牙、長出永久齒的過程中，牙齒和牙齦會非常癢，所以什麼都想咬。這時貓咪咬你的手或腳可能不是在攻擊，而是在換牙，請不要責罵牠，為牠準備可以用來咬扯、磨牙的柔軟抱枕或玩偶吧！

「喵！太開心了！」

　　如果在貓咪小的時候，曾經把手或腳放進貓咪嘴裡給牠咬，那個記憶就會延續到貓咪長大以後，讓貓咪以為咬人、抓人是一種玩耍方式。為了避免這種情況，請使用真正的玩具和貓咪玩，不要讓貓咪咬自己。要注意，貓咪一旦養成習慣就很難改掉。

「喵！已經夠了！」

本來舒舒服服在享受撫摸或拍屁股的貓咪，突然翻臉發動攻擊！這種情況還不少見……其實這表示貓咪覺得已經滿足了，不用再摸了的意思。大部分貓咪開咬前會快速擺動尾巴，或是用尾巴敲打地板，所以只要懂得觀察貓咪的肢體語言，就能避免受到波及。

「喵！這種力道還好吧？」

貓咪出生後六個月內會跟母貓、兄弟姊妹一起相處，經歷社會化的過程，並在這段期間中透過彼此互咬來學習「這樣咬會痛」、「不能咬那麼大力」，但如果貓咪很小就跟母貓分開，沒有機會學習如何調整力道，牠們就會以為「這種力道還好」，然後突然咬人。

「喵！我要抓住你！」

貓咪是肉食性動物，在野外靠獵捕小昆蟲或小動物維生，因此即使變成家貓，依然保有一定程度的習性，會因為突然爆發的狩獵本能而攻擊。貓奴眼中難以看見的小蟲、灰塵，或是衣服上的繩子、頭髮，都有可能成為刺激來源。

「喵！好痛啊！」

如果貓咪出現反常的攻擊行為，像是咬人或變得兇狠，有可能是因疾病或傷口引發的疼痛。在這種狀況下，貓咪可能會躲在角落或是在被靠近時逃開。如果過一段時間依然沒有鎮定下來，請帶牠去動物醫院接受檢查。

該如何面對貓咪的攻擊？

被貓咪抓咬的傷口如果受到感染，有可能演變成破傷風、敗血症等嚴重疾病，所以我們還是要懂得保護自己，瞭解正確的危機處理方式。

不要錯過貓咪的攻擊警訊

貓咪在發動攻擊前會先壓低身體、瞳孔放大、耳朵往後折等，做出特定的狩獵預備動作。建議先觀察自家貓咪攻擊前有什麼行為，就能在看到苗頭不對時，趕緊先離開現場。

忽略並離開現場

貓咪激動時，最好先無視牠並保持距離。千萬不要為了安撫牠而摸牠或抱牠，這樣反而容易遭到攻擊，也不要為了緩解牠的情緒而餵零食，讓牠誤以為傷人可以得到獎賞，造成反效果。請忽略牠、不理牠，直到牠自己冷靜下來。

避開視線、避免觸碰

當貓咪情緒正激動時，請不要跟牠四目相接。在貓咪的世界裡，雙眼直視是準備要打鬥的行為，反而會讓貓咪進入戰鬥模式。

 **BEMYPET Tip**

貓咪的攻擊性與社會化程度
貓咪社會化的時期是在出生後六個月內，所以盡可能在這段期間與貓咪一起制定規矩並做好訓練。如果從幼貓開始飼養，請注意不要讓牠養成咬人的習慣。

貓咪「不舒服」的警訊

喵～我很健康！

　　貓咪不太會表現出疼痛，這使得人類常常無法及時察覺出貓咪生病，因此平常必須多觀察貓咪的行為和狀態。在前面的章節中，我們學會解讀貓咪透過行為所傳遞的情緒需求、身體狀態，而在這個章節中，則要來看看貓咪不舒服時可能出現的緊急訊號。

貓咪不舒服時的常見行為

貓咪疾病的訊號可能藏在細微的變化中，像是每天早上叫大家起床的貓咪突然變安靜，或是對喜歡的玩具零食不再感興趣。尤其發現以下這些異狀時，更需要多仔細觀察並注意貓咪的狀態。

食慾異常

前面強調過，如果貓咪食慾突然減少，吃不完平常的飼料量，此事絕對不能輕忽帶過。如果貓咪對飼料沒反應，可以試著先餵牠最喜歡的零食，萬一牠看到零食也興致缺缺，甚至吃剩下來，那就一定要去看獸醫。貓咪的飢餓有可能導致脂肪肝，所以不能輕忽；相反地，如果食慾突然暴增，也是健康異常的訊號，請特別留意。

嘔吐

對貓咪來說，吐毛球之類的嘔吐是非常自然的現象，不需要太擔心，但也有很多情況是因為不舒服而嘔吐，需要多注意。如果除了嘔吐之外沒有其他症狀，活

動量也正常，應該就是自然的生理現象。關於貓咪的各種嘔吐症狀，請參考以下的「表六」。

· **表六 貓咪的各種嘔吐症狀**

嘔吐症狀	症狀含意
吐出毛球	貓咪以舌頭突起物舔毛時會自然吃下毛髮，這些毛髮通常能透過排便排出，但有時也會在肚子裡打結，並透過「吐毛球」來排出。貓咪一個月中吐毛球 1～2 次是自然現象，但如果吐毛球的次數頻繁，就需要醫生診療。
吐出沒有消化的飼料	當貓咪吃得太快或太多時，就會吐出飼料。如果貓咪習慣暴飲暴食，請分次提供飼料，或是準備水分含量較多的飼料，也建議可以使用特殊的「慢食碗」來輔助。
吐出黃色或透明液體、白色泡沫	如果貓咪用餐時間的間隔太長、空腹太久，就會吐出胃液或膽汁。發生這個狀況時，可以在維持既有飼料量的前提下，分更多次餵食。
吐出粉色或淡紅色液體	可能是感染蟲害、誤吞異物等原因，造成胃、食道內出血，或是牙齦出血。請確認嘔吐物中有沒有蟲子或異物，並請醫生診斷。
吐出深紅色或棕色液體	這是需要立即治療的緊急狀況，可能是胃或十二指腸潰瘍而引發的出血，這種情況下的嘔吐物會發出惡臭，並混雜著如咖啡渣的異物。
除了嘔吐，還伴隨其他症狀	就算嘔吐物沒有異狀，但如果貓咪食慾不振，或是排便狀態、飲水量、體重發生變化，就需要醫生縝密的檢查診療。

體重異常

倘若貓咪的體重在短時間內減少超過百分之五，那肯定有問題。由於貓咪身上有毛髮，很難立即察覺到體型的變化，假設連肉眼都看得出來變瘦，情況通常已經很嚴重，所以建議定期在家裡幫貓咪量體重。反過來說，貓咪突然變胖也不好，肥胖不僅對人體有害，也會在貓咪身上引發各種併發症，請盡可能維持正常體重。

活動量異常

貓咪乍看之下可能一直在休息，但如果牠比平常躺得更久、睡眠時間更長，就要懷疑是不是健康亮起了紅燈。這種情況下的貓咪就算醒著，腳步往往也會很緩慢，看到玩具沒有反應，反常地躲藏在角落。

飲水量或小便量異常

如果貓咪突然喝很多水、小便量增加很多，那也可能是生病了。貓咪特別容易罹患腎臟疾病，所以平常就要確認貓咪的飲水量和小便量。罹患腎臟疾病的貓咪，不僅會喝很多水，還會徘徊在水碗旁邊，甚至喝到臉都變得浮腫。

排泄狀態異常

貓咪的大小便是表現健康狀態的重要指標。如果能夠瞭解貓咪平常健康時的大小便量、狀態、排泄姿勢、時間等，就可以更容易察覺異樣。尤其如果貓咪不離開貓砂盆、繞著貓砂盆喊叫、反覆進出貓砂盆，有可能是罹患尿道系統的疾病，建議盡速就醫。

另外腹瀉也是常見的異狀，原因很多，有可能是吃壞東西、中毒、腸道發炎等。如果只是暫時腹瀉的話無妨，但倘若持續腹瀉超過兩次，還是建議帶去醫院檢查，並在就診前拍下排泄物的狀態，有助於醫生判斷。

CHECK **從排泄狀態看出貓咪警訊**

☐ 在貓砂盆大叫、以不舒服的姿勢排便。

☐ 突然在貓砂盆以外的地方小便。

☐ 小便量、小便次數改變。

☐ 小便顏色或味道改變。

☐ 腹瀉或大便顏色改變。

☐ 進出貓砂盆好幾次卻沒有上廁所。

☐ 不想離開貓砂盆（上廁所時間很長）。

呼吸狀態異常

貓跟狗不同，一般來說不太會張口呼吸。如果是在玩逗貓棒或是貓跳台等劇烈活動後，心跳跟呼吸變快是正常的，但如果沒有做激烈運動卻張口喘氣、呼吸急促、呼吸聲變粗等，就代表牠非常不安，或是因疾病造成的危急狀況。

貓咪可以透過胸部或肚子的收縮，來測量牠在舒服狀態下的呼吸次數；還有一個測量心跳次數的方式，但難度比較高，就是透過按壓後腿內側跟胯下交接處的大腿動脈脈搏。

- 平均呼吸數＝20～30 次／分鐘
- 平均心跳數＝150～180 次／分鐘
* 一次呼吸：胸部膨脹、收縮。
* 幼貓的呼吸和心跳數皆略高於平均。

體溫異常

貓咪的正常體溫是 37.6℃～39.5℃，比人類稍高，如果體溫高於或低於正常值都是異常狀態。測量貓咪體溫的方法，是將體溫計放入貓咪肛門，請抬起貓咪的尾巴，把體溫計慢慢放入肛門的 2.5 公分深處測量，可以在體溫計末端稍微沾點凡士林再插入。還有一個更簡單的檢查方式，就是摸

貓咪的鼻子，如果鼻子很乾，就表示貓咪的體溫上升了。

眼耳鼻出現異物

如果貓咪突然流眼淚或流鼻水，可能是上呼吸道系統感染，也就是感染貓皰疹病毒，最好盡快就醫，尤其是容易互相傳染的多貓家庭。此外，貓咪也可能對灰塵、花粉或對食物過敏而流眼淚、流鼻水，所以要仔細觀察。

如果貓咪耳朵出現很多耳屎或是流出膿水，有可能是過敏反應、細菌感染，或是有耳蟎等寄生蟲入侵，要是放任不管，貓咪就會去抓癢而出現傷口，或是影響耳膜，所以早期治療很重要。

黏膜顏色改變

如果貓咪的牙齦、耳朵內側、腳掌顏色變得不一樣，那就可能是身體出問題。

第一，牙齦變紫可能是氧氣不足，要立即就醫；正常狀態的牙齦是粉色，如果周圍發紅或是出血，有可能是罹患口炎。

第二，如果耳朵內側和腳掌的血色變淡，就是貧血的徵兆，這個時候要檢查後腳有沒有變冷，如果後腳變冷，有可

能是血栓生成的緊急狀況；此外，這個症狀也可能是體溫過低，如果室內溫度正常，那請幫貓咪保暖、恢復體溫，要是一直沒有好轉就需要送醫治療。

突然一直叫

如果貓咪異常大叫或是叫得很頻繁，就要仔細觀察是不是某處疼痛或感受到壓力。貓咪會叫基本上都是因為有問題或是有請求，需要找出原因並解決。

舔毛方式改變

如果貓咪只舔特定部位或是根本不舔毛，那就需要注意，可能是覺得舔的部位會痛，或是出現過敏、皮膚炎等症狀。此外，過度舔毛也可能導致掉毛。相反的，完全不舔毛也可能是異常的緊急狀況。

個性突然改變

如果貓咪的性格改變，也需要多加注意。突然很撒嬌有可能是分離焦慮的症狀，出現異常的攻擊反應時也有可能是身體不舒服。尤其貓咪也會像人類一樣因老化而出現認知障礙（也就是失智症）的症狀。在這種情況下，個性可能跟平

常不一樣，需要仔細觀察。

CHECK **需要注意的緊急狀況！**

□ 不會舔毛。

□ 瞳孔放大發呆。

□ 無法保持平衡，搖搖晃晃或倒下。

□ 兩邊瞳孔大小不同。

□ 走路歪斜的程度比平常嚴重，頭傾向一邊。

□ 呼吸時嘴巴打開，發出瑟瑟的聲音。

□ 沒什麼氣色，牙齦顏色變得蒼白。

□ 無法活動後腳。

BEMYPET Tip

貓咪的疼痛訊號藏在日常中
為了察覺貓咪疼痛時的訊號，平常就要仔細觀察貓咪的體重、飲水量、大小便狀態，也要仔細觀察貓咪的習慣、喜好等，才能及時發現牠們的異常狀態。

共享幸福貓生的心態調整

該怎麼做呢？

專注　　專注

　　貓咪是相當受歡迎的寵物，有一陣子韓國還很流行「只有我沒有養貓」這句話。

　　我常常在想，和貓咪幸福過生活的關鍵是什麼？我想答案應該是「想要一起生活的心」。跟貓咪共同生活時，難免受到貓咪各種無法參透的反應和行徑影響，所以必須先做好養貓的心理準備，並在養貓之後持續帶著這樣的覺悟才行！

🐾 貓咪是需要照顧的小孩

貓咪就像是仰賴父母幫助的孩子。小孩的生活需要照顧，貓咪也是一樣，每天提供三餐和水、打掃貓砂盆、刷牙、梳毛、陪牠玩。想要成為一個稱職的貓奴，生活模式勢必隨著貓咪的行為和個性而改變，貓咪會在深夜起來活動、一大早把你叫醒、在家裡各處沾上貓毛，你也會需要經常打掃。此外，還要時常確認貓咪的行為和健康狀況，在出現異常時帶去醫院……還沒完呢！貓咪跟狗不一樣，無法隨意交付給其他人，所以你會很難出去旅遊。搬家時也得排除無法養寵物的地方。養貓不只需要付出很多時間和努力，定期支出的費用也不容小覷。

🐾 貓咪不是乖巧的玩偶

重點是要完全接受貓咪是「獨立的生命體」。有些人覺得貓咪是像玩偶一樣靜止不動的可愛動物，也以為養了貓之後，牠會完全地愛你、信任你。但事實上，貓咪並不會無條件愛著貓奴。

每隻貓咪個性都不同。我們經常在網路影片中，看到有

些貓咪像狗一樣忠心耿耿望著主人，所以也期待自己的貓咪能夠如此。但這些貓咪也可能只有小時候親人，到了成貓階段後一百八十度轉變，變得非常高傲，完全不理人。

有些貓奴遇到這種情形會非常委屈，「我按時餵飼料、幫忙清貓砂盆，犧牲了這麼多，為什麼要這樣對我？」甚至萌生討厭貓咪的念頭。儘管聽起來很可笑、很不負責任，但這確實是新手貓奴的真實煩惱之一。

不過，實際上並不只有貓奴委屈，貓咪也很委屈。就像「施與受」的概念不適用在家人身上，即使孩子惹事生非，多數父母依然願意無私提供照顧，不放棄對孩子的愛和責任，貓與貓奴的關係也應該是這樣。

🐾 請從貓視角看貓咪

既然選擇了一個生命體，並將牠視為家庭的一分子，我們就必須全盤接受貓咪的個性和行為，並且以貓咪的視角來理解牠們。

每隻貓咪個性不同，有些討厭肢體接觸，有些特別刁鑽，有些喜歡到處搞破壞。不過我們還是必須先有個認知，很多無法理解的貓咪行為，若以貓咪的觀點來思考，其實不

是什麼大事。還有，制定生活規則和教育是飼主的責任，與貓咪間的關係也不一定能吻合期待。如果我們能帶著這樣的開放心態跟貓咪一起生活，就能讓每一天都充滿幸福。每天跟一個生命相處，感受因牠而來的愛、安慰與責任感，都會讓你成為一個更好的人。

在讀這本書的人當中，應該有正在跟貓咪生活的人，請對自家貓咪說聲「我愛你」吧！如果你是正準備要養貓的人，也真心祝福你往後跟貓咪共度的日子都能無比幸福。

| 專欄 |　你是幾分的貓奴呢？

養貓意味著家裡要出現新的家庭成員，絕對不是像逛街購物那樣簡單。在養貓之前，我們要先做好自我檢視，確認是否做好準備。在這裡會介紹貓咪喜歡的貓奴特徵，以及不適合養貓的人，讓我們來閱讀以下內容，檢視自己缺乏的部分，並瞭解成為好貓奴的祕訣。

✦ 這樣的人適合養貓！

個性冷靜、從容

貓咪是很敏感的動物，容易被巨大的聲響、動作、行為嚇到，所以相較於個性急躁、常常催促的人，冷靜從容的人更適合貓咪。講話也不要太大聲，最好能夠輕聲細語、溫柔說話。

性格獨立、不會太黏

大部分貓咪都討厭過度干涉跟不斷的肢體接觸。貓咪喜歡能放任自己獨自休息的人，所以相較於喜歡貓咪而一直煩牠的人，懂得保持一定距離的人跟貓咪的契合度會更高。

喜歡在家的宅宅

相較於愛往外跑的人，常常待在家裡的人更適合貓咪。因為貓咪也容易感到孤單，如果分離太久可能讓牠們壓力大，甚至得憂鬱症。雖然只是一起待在同一個空間也很好，但還是要花時間陪貓咪玩耍。

重視穩定性的人

貓咪容易因為環境、狀況的改變，或因為陌生人出現而感受到壓力，所以喜歡住在同樣地方、不會常常搬家或大幅改變家具配置等，追求穩定勝於變化的人更適合貓咪。

✦ 不適合養貓的情況

同住者不同意養貓

如果無法得到家人的同意，那就打造不出適合貓咪生活的環境。必須所有同住者都點頭，才能給貓咪一個幸福的家庭。

不願意學習貓咪知識

養貓需要學習很多知識，必須清楚瞭解貓咪，才能用正確的方式讓貓咪健康且毫無壓力地成長。即使剛開始不太懂，也要先從攸關貓咪健康和安全的知識學起。

沒有辦法為貓咪花錢

養貓比我們想的還要燒錢，不僅每個月都需要貓砂、飼料，貓咪生病時的醫藥費也不容小覷，所以必須確保自己的心態和經濟充裕，再養貓比較好。

負不起養貓的責任

養了貓之後，就必須要負責到底。不僅要負責貓咪的一生，也要有為別人著想的責任感，例如在動物醫院時要將貓咪關在外出籠裡，不能因為寵愛而放任貓咪到處跑、誤傷他人。

優良貓奴的重要守則

🔍 不要期待過多的接觸

貓咪的心情說變就變，前一秒在享受舒服的摸摸時光，下一秒可能突然厭煩。如果不顧貓咪意願硬摸牠，可能會讓牠覺得跟你接觸是一件壓力很大、受到束縛的事，所以當牠不想被摸時，請立刻停止碰觸。

🔍 避免讓貓咪受到驚嚇

貓咪敏感又膽小，一點小事情就可以嚇到牠們、帶給牠們壓力。尤其在貓咪睡覺、休息時更要注意，請不要突然摸牠，或在旁邊發出很大的聲音嚇到牠。

🔍 每天都要清理貓砂盆

多數貓咪對貓砂盆的要求很高，可能稍微有點髒就不願意進去小便，導致罹患膀胱炎，所以每天都要清理貓砂盆，努力維持整潔。

🔍 貓的世界裡沒有服從

貓跟狗不一樣，沒有跟從或服從主人的概念，這也是為什麼貓咪即使因為服從而獲得稱讚，也不會像狗那樣開心地搖尾巴。換句話說，希望貓咪服從而責罵牠也是沒有用的，只會造成牠的壓力而已。

貓咪的「喵 BTI」性格測驗

大家應該都知道人格類型測驗 MBTI（Myers-Briggs Type Indicator）吧？BEMYPET 也以先前累積的資料庫製作了貓咪個性的簡易測驗，名稱是「喵 BTI」。測驗無法百分之百準確，但可以透過貓咪的平常行為、外貌特徵來瞭解大概的性格。請在閱讀以下題目時，思考自家貓咪的情況，計算看看 A、B、C 哪個最多。如果很難選擇，也可以用推測的方式回答。

TEST START!

1. 貓咪毛髮中哪個顏色最多？

A. 白色　　　B. 黑色　　　C. 灰色

2. 貓咪臉型輪廓是哪種類型？

A. 圓形　　　B. 四方型　　C. 三角形

3. 下列何者是貓咪平時常做的行為？

A. 在高處觀察人類

B. 坐在貓奴旁邊休息

C. 翻滾或追著貓奴，要貓奴一起來玩

4. 陌生人來訪時，貓咪會有什麼反應？

A. 立刻保持警戒！逃到某個地方

B. 在遠處靜靜地偷看

C. 一開始會有點警戒，但過不久就會變得親近

5. 貓咪的吃飯方式？

A. 一開始不太吃，後來突然吃光

B. 想吃的時候才吃

C. 一倒飼料就全部吃完

6. 幫貓咪買新玩具時，貓咪的反應是？

A. 不理不睬

B. 一開始會玩，但很快就玩膩

C. 對玩具很有興趣，可以玩一陣子

7. 貓咪不動時，通常尾巴會怎麼動？

A. 大致都朝下

B. 常常做出很大的動作，再慢慢搖晃

C. 通常都是立得直直的

8. 貓咪平時的耳朵型態？

A. 常常都是朝後

B. 不太會動

C. 左右搖擺

9. 貓咪平常趴坐的姿勢為何？

A. 四隻腳貼在地上蹲坐著，有如人面獅身像

B. 前腳收到身體下，縮成「收手手」的模樣

C. 神采奕奕地側趴在地上

我的性格是什麼呢？

10. 貓咪的體型特徵？

A. 體型有點修長、纖細

B. 全身粗壯、矮短

C. 中等體型

「喵 BTI」的性格測試結果

選擇 A 較多

獨立纖細的紳士貓

這可以説是最像貓咪的貓咪，享受獨處的時間，對小事情的反應敏感，很容易受到壓力；另一方面，也不太會表達自己的情緒，需要細心觀察，同時避免環境變化太多太快，盡可能營造穩定且平和的生活環境。這類型的貓咪非常自我傾向，可能讓想跟貓咪很親近的貓奴失望，但其實牠們對於信賴的人非常關注，不需要因為牠們看似冷淡的反應而難過。

像貓咪的貓咪

選擇 B 較多

怡然自得的沉穩貓

很多貓咪個性嚴謹、安靜、沉著，而且對貓奴的愛很深。這種貓咪比起活潑的遊戲，更喜歡待在貓奴身邊休息、翻滾，也喜歡被貓奴溫柔觸摸，所以請常常摸牠。此外，牠們也很膽小，容易因為巨大聲響或是陌生物體而驚恐，最好為牠們打造安靜的環境。

怡然自得～
啊～

選擇 C 較多

可愛親人的撒嬌貓

這類型的貓咪感情豐富、喜歡撒嬌。雖然是貓，個性卻比較接近狗，牠們好奇心旺盛，對於新鮮的物品、食物或人充滿好奇，而且警戒心較低，可能會嘗試跑到屋外，所以要格外注意門窗有沒有上鎖。此外，因為這類型的貓咪個性活潑，最好多陪牠玩逗貓棒，牠們也適合生活於多貓家庭。

流浪貓的照顧指南

走進巷子裡常常看到悠閒自在的流浪貓。比起以往,最近大家越來越關注如何與流浪貓共存,也多虧於此,很多人會自主提供食物、零食和水。不過你知道不能隨便靠近流浪貓嗎?以下我們來瞭解如何正確照顧流浪貓。

不能跟流浪貓太親近!

如果跟流浪貓過於親近,可能會讓牠們「失去野性」。流浪貓必須在戶外生存,必須懂得對人類抱持警戒心,要是太常受到人類的照顧,會導致喪失戒備,而大幅增加被當成攻擊目標的危險性。儘管大家對貓咪比以前友善很多,依然必須謹記有很多人會傷害貓咪。

如果想照顧流浪貓,請在保持一定距離的情況下提供援助,以免牠們失去野性,就算牠們主動靠過來撒嬌,也最好離他們遠一點。

貓咪的耳朵被剪一角?!

有些流浪貓耳朵尖端被剪掉一小塊,這是「完成 TNR 貓咪」的標記。TNR 是誘捕(Trap)、結紮(Neuter)及回置(Return)的縮寫,目的是為了減少貓咪個數而以安全方式獵捕後,進行結紮手術,再重新放回被捕獲的地方。耳朵少一角的貓咪不是被虐待,請別擔心。

餵食流浪貓時，請這麼做！

餵食處的周遭請整理乾淨

環境衛生跟貓咪的健康息息相關，所以在餵食流浪貓時，請把環境整理乾淨，以免引來蚊蟲或發出惡臭。此外，如果沒有把餵食處附近清乾淨，也可能造成周遭住戶的困擾。

在人煙稀少的地方餵食飼料和水

在開放性且人多的地方，貓咪很容易變成犯罪目標，最好可以避開。此外，對流浪貓來說，因為野外很難取得乾淨的水，所以水的重要性不亞於飼料，建議可以準備濕式罐頭或溫水。

領養流浪貓要慎重！

不能單純覺得流浪貓很可愛或是很可憐就領養牠，我們要判斷貓咪是需要救助還是需要領養。尤其是流放的幼貓更要慎重考慮，因為就算牠現在獨處，也可能只是稍微跟母貓分開而已，請至少觀察 8～12 小時，確認母貓沒有出現，而且幼貓已經積了眼屎、身上許多毛髮打結等等，處於沒有被照顧的情況下再救助。除此之外，暴露在染病或受害環境的貓咪、太多人照顧而無法獨自生存的貓咪，也是需要救助的對象。想要與貓咪一起生活需要很多的努力，是超乎一般想像的，所以即便想要領養貓咪，也要先衡量自己的環境是否適合貓咪居住，而且也需要同住家人的同意才行。

台灣廣廈 國際出版集團
Taiwan Mansion International Group

國家圖書館出版品預行編目（CIP）資料

貓咪減壓諮商室：貓專家會診！從貓視角檢視貓奴的問題行為，
給養貓人的「不踩雷」環境×生活×相處說明書／BEMYPET，
Vet Kiyeok著. -- 初版. -- 新北市：蘋果屋出版社有限公司，
2023.10
　面；　公分
ISBN 978-626-97437-6-6（平裝）
1.CST: 貓　2.CST: 寵物飼養

437.364　　　　　　　　　　　　　　112012015

蘋果屋
APPLE HOUSE

貓咪減壓諮商室
貓專家會診！從貓視角檢視貓奴的問題行為，給養貓人的「不踩雷」環境×生活×相處說明書

作　　　者／BEMYPET	編輯中心編輯長／張秀環・編輯／蔡沐晨・陳虹妏	
審　　　定／Vet Kiyeok	封面設計／曾詩涵・內頁排版／菩薩蠻數位文化有限公司	
翻　　　譯／葛瑞絲	製版・印刷・裝訂／東豪・弼聖・秉成	

行企研發中心總監／陳冠蒨　　　線上學習中心總監／陳冠蒨
媒體公關組／陳柔妤　　　　　　產品企製組／顏佑婷
綜合業務組／何欣穎　　　　　　企製開發組／江季珊、張哲剛

發　行　人／江媛珍
法　律　顧　問／第一國際法律事務所 余淑杏律師・北辰著作權事務所 蕭雄淋律師
出　　　版／蘋果屋
發　　　行／蘋果屋出版社有限公司
　　　　　　地址：新北市235中和區中山路二段359巷7號2樓
　　　　　　電話：（886）2-2225-5777・傳真：（886）2-2225-8052

代理印務・全球總經銷／知遠文化事業有限公司
　　　　　　地址：新北市222深坑區北深路三段155巷25號5樓
　　　　　　電話：（886）2-2664-8800・傳真：（886）2-2664-8801
郵　政　劃　撥／劃撥帳號：18836722
　　　　　　劃撥戶名：知遠文化事業有限公司（※單次購書金額未達1000元，請另付70元郵資。）

■出版日期：2023年10月
ISBN：978-626-97437-6-6